ペンギンはなぜ飛ばないのか？

海を選んだ鳥たちの姿

綿貫 豊 著

撮影：伊藤元裕

はしがき

　ペンギンはなぜ飛ばないのか？　じつは、この問いには３つの意味がある。１つ目はどういった物理的な理由でペンギンは空中を飛べないのかという問題だ。２つ目は飛ばない代わりに海に潜ることはペンギンにとってどんな利点があるのかだ。そして、３つ目はペンギンは長い時間をかけて空を飛ばなくなったのか、それともはじめから飛ばなかったのかという問いだ。１番目の問題に答えるのは簡単だ。翼が小さいから。そのとおり。では、なぜ翼が小さいと飛べないのか？　空中と水中で働く力のちがいと、海鳥のかたちと運動のしくみがわかれば、よりくわしく答えられる。この本ではおもにこの問題について説明する。２番目の問題（生物の"適応"、つまり環境の中でいかにうまくやっているかについての問い）と、３番目の問題（生物の進化あるいは歴史についての問い）に答えるのはむずかしい。まだはっきりした答えはないが、これらにも挑戦してみようと思う。

　鳥は空を飛ぶのに適した「かたち」をもつ。そのかたちを使って、海へと生活の場を移したのが海鳥たちである（図 0-1）。生活の場が海であるとは、食べ物のすべてを海から得ているということだ。彼らの食べ物は海の中にいる魚やイカ、エビなどである。これらを食べるために、海鳥はハトやカラスなどの陸鳥とはちがった特徴をもつ。

　その特徴とは運動のタイプだ。海鳥たちの５つの運動のタイプについて紹介していこう（第２章）。これらは鳥であるという制約

図 0-1　広い海の上を飛ぶコアホウドリ

のもとで、いいかえれば鳥としての特徴をいかしつつ進化した空中と水中で生活するための5つの工夫(くふう)である（第3～6章）。また、海鳥が進化してきた数千万年にわたる歴史の中で何度も試(ため)されたパタンでもある（第7、8章）。そしてこれらのパタンをもったおかげで最近になって悲劇にみまわれている（第9章）。

　海鳥というとどんな種類の鳥を思いうかべるだろうか。港にいる「カモメ」や東京上野の不忍池(しのばずのいけ)の「ウ」くらいしか思いうかばないのではないだろうか。じつは、世界には340種(しゅ)くらい海鳥がいる。そこで、まず海鳥とはどんな「生きもの」なのかを紹介しよう。

目次

はしがき ……………………………………………………… 2

第1章 海鳥たち …………………………………… 6
海鳥の種類／陸で子育てする／海鳥はたくさん食べる

第2章 海鳥の運動能力 ………………………… 19
飛行速度と遊泳速度／潜水深度／5つの運動タイプ

第3章
アホウドリは羽ばたかずに飛行する ………… 29
滑空のしくみ／アホウドリ科の滑空／風速勾配とダイナミックソアリング／ダイナミックソアリングを見る／省エネ飛行で食べ物を探す／臭いを使う

第4章
ウミガラスは空中と水中を飛行する ………… 41
空中では重力が大事／水中では浮力と抵抗が重要／羽ばたき飛行は打ち下げで／水中と空中での羽ばたき回数／ウミガラスは水中でも打ち下げで進む／海鳥は浮力が大きい／浮力を小さくする工夫／ウトウの食べ物／魚群を追い上げる

第5章 ペンギンが長く潜れるわけ ……… 61
長い息こらえ時間／酸素をたくさんもつには／心拍数を下げる／血液を送る部位の調節／ペンギンもオキアミの群れを追い上げる／ペンギンはどうして水中でもよく見えるのか

第6章　ウは空中と水中で翼と足ひれを使い分ける …… 74

足こぎで進むには／潜るときの浮力変化と足こぎ／浮上するときは？／潜るときの速度は一定／同じ速度で泳ぐ理由／ウは目が悪い／ウは近くの魚をつかまえる

第7章　海鳥の進化と運動様式 ………………… 85

鳥類は恐竜である／陸上生活から再び海へ／5つ目のタイプ／タイプと変形

第8章　翼と足ひれを使う系統 ………………… 95

滑空生活への進化／空中から水中への進化／足こぎ系列と羽ばたき系列の特徴／別々の系統で同じタイプが進化した／どのようにして飛行をやめたのか／なぜ飛行をやめたのか／失ったものはとりもどせない／第8章のまとめ

第9章　海鳥たちの悲劇 ………………… 108

オオウミガラスの生態／オオウミガラスが絶滅したわけ／アホウドリの災難と保全／海鳥はなぜ人に狩られやすいのか／サケ・マス流し刺網と海鳥／マグロ延縄とアホウドリ／魚を食べて汚染物質を蓄積する／海鳥はプラスチックを飲みこむ／海鳥たちの将来

あとがき ………………………………… 123

第1章 海鳥たち

海鳥の種類

　生物を分類する単位として「種」がある。アデリーペンギン（図1-1）は、ピゴセリス・アデリアという学名（分類において世界共通で使われる名前）をもつ「種」である。同じ種類のオスとメスは交尾して子孫を残すことができる（繁殖）。種が別だと子は残せない。似ている種どうしを集めたグループが「属」という単位になる。アデリーペンギンに加えて、これとよく似たヒゲペンギン（図5-1：61ページ）、ジェンツーペンギンからなるのがピゴセリス属だ。似ている属を集めたのが「科」で、似ている科を集めたのが「目」だ。

　海鳥は4つの目からなる（表1-1）。まずは、ペンギン目だ。ペンギン目にはペンギン科だけがふくまれる。ペンギンは飛べない。翼が小さいからだ。その代わり、このオールのようなかたちになった翼を羽ばたいて水中をたくみに泳ぐ。一番小さいのは、ニュージーランドやオーストラリアに住む体重1.2キログラムのコガタペンギンである。一番大きいのは、南極大陸に住み30キログラムにもなるコウテイペンギンだ（図1-2）。17種のうち8種は南極と亜南極（オーストラリア・アフリカ・南米の大陸と南極大陸の間の海にあ

第1章 海鳥たち

図 1-1 アデリーペンギン（ペンギン目ペンギン科）
撮影：伊藤元裕

表 1-1 海鳥の4つの目とそれぞれに属する科
それぞれの科に属する種を1種だけあげた

目	科	種
ペンギン目	ペンギン科(17種)	アデリーペンギン
ミズナギドリ目	アホウドリ科(21種)	コアホウドリ
	ミズナギドリ科(79種)	シロハラミズナギドリ
	ウミツバメ科(21種)	コシジロウミツバメ
	モグリウミツバメ科(4種)	ペルーモグリウミツバメ
ペリカン目	ペリカン科(7種)	カッショクペリカン
	カツオドリ科(10種)	アカアシカツオドリ
	ウ科(36種)	ウミウ
	ネッタイチョウ科(3種)	アカオネッタイチョウ
	グンカンドリ科(5種)	オオグンカンドリ
チドリ目	カモメ・アジサシ科(95種)	クロアジサシ
	ハサミアジサシ科(3種)	クロハサミアジサシ
	トウゾクカモメ科(7種)	クロトウゾクカモメ
	ウミスズメ科(24種)	エトピリカ

7

図 1-2　ペンギンの大きさ

る島々）で繁殖している。ほかはオーストラリアやニュージーランド、南米や南アフリカなど南半球だけに住んでいる。北半球に住んでいる種はいない。

　次がミズナギドリ目だ。くちばしの上に鼻の穴が開いている。翼が体のわりに大きく細長く、そのため飛ぶのがとても上手だ。代表的なのはアホウドリ科で、体重10キログラムにもなるワタリアホウドリ（図2-5：26ページ）をはじめとし、21種がふくまれる。他には体重0.4〜4キログラムのミズナギドリ科（79種、図1-3）、0.1〜0.2キログラムのモグリウミツバメ科（4種）、0.1キログラム以下のウミツバメ科（21種、図1-4）といったさまざまな大きさの仲間がいる。ミズナギドリ目はおもに南半球で繁殖する。北半球に繁殖するのは、アホウドリ科ではアホウドリ（図4-7：56ページ）、コアホウドリ（図0-1：3ページ）、クロアシアホウドリ（図

図1-3 シロハラミズナギドリ（ミズナギドリ目ミズナギドリ科）

図1-4 アシナガウミツバメ（ミズナギドリ目ウミツバメ科）
撮影：西沢文吾

9-2：114ページ）の3種だけだ。ミズナギドリ科ではたった6種だ。モグリウミツバメ科はすべて南半球に住んでいて北半球にはいない。どれも陸地には近寄らないのであまりなじみがないグループだが、海鳥としては種類も数も多い重要なグループだ。

　3番目はペリカン目だ。ペリカン目の仲間には体重が数キログラムにもなるペリカン科（7種、図1-5）、1〜3キログラムのウ科（36種）、カツオドリ科（10種、図4-2：43ページ）、グンカンドリ科（5種、図1-6）、これらより小さいネッタイチョウ科（3種、図1-7）といったさまざまなグループがふくまれる。東京上野の不忍池でよ

図1-5　オーストラリアペリカン（ペリカン目ペリカン科）
撮影：吉野雄輔

第1章　海鳥たち

図1-6　オオグンカンドリ（ペリカン目グンカンドリ科）

図1-7　シラオネッタイチョウ（ペリカン目ネッタイチョウ科）
　　　撮影：吉野雄輔

く見る黒いウはカワウという種である。日本では4種のウ科［カワウ、ウミウ、チシマウガラス（図4-7：56ページ）、ヒメウ］が繁殖している。ウ科は亜南極から南半球の温帯域にかけて20種、熱帯や亜熱帯域には9種が繁殖する。北半球の温帯域には7種と少ない。最近の研究によると、ペリカンの仲間とウの仲間では、系統がだいぶちがうらしいということがわかってきたが、ここでは同じペリカン目として扱おう。

　最後はチドリ目だ。カモメ・アジサシ科、ハサミアジサシ科、トウゾクカモメ科、ウミスズメ科がふくまれる。カモメ類（図1-8）は体重0.3〜1.5キログラムで、たいがいは白っぽいおなかと黒っぽい背中をしている。50種ほどで、おもに北半球で繁殖している。日本で繁殖しているのはウミネコとオオセグロカモメの2種である。アジサシ類（図1-9）はもう少し小さく体重は0.5キログラム以下で、45種ほどおり、おもに熱帯や亜熱帯域で生活している。日本では、川の中州や海岸の砂浜に繁殖するコアジサシがいる。も

図1-8　アカアシミツユビカモメ（チドリ目カモメ・アジサシ科）
撮影：西沢文吾

第1章　海鳥たち

うひとつのチドリ目、ウミスズメ科は体重0.2〜1.3キログラムのずんぐりした体型で、翼を羽ばたいて飛行し、かつ潜水する。ウミスズメ科（図1-10）には24種がふくまれ、北半球の温帯域から北極海に分布する。これらはカモメ・アジサシ科とちがって岸近くにはいないのであまり目にとまることはない。

図1-9　クロアジサシ（チドリ目カモメ・アジサシ科）

図1-10　エトピリカ（チドリ目ウミスズメ科）
撮影：伊藤元裕

潜水性のカイツブリ、カモ、アビなどは淡水域で生活するので、この本では海鳥には入れない。

次に、海鳥が鳥類としてどんな生活上の特徴をもっているかについて見ていこう。海にいるほかの脊椎動物（背骨をもった動物）、つまりマグロ（魚類）やクジラ（ほ乳類）とどこがちがうのだろうか。

陸で子育てする

海鳥もほかの鳥類と同じように、陸上に卵を産む。鳥類の卵は水中では発育できないからだ。卵は何日も親に温められる（抱卵）。そしてふ化する。これはマグロともクジラともちがう大きな特徴だ。マグロは水中に卵を産み、卵からふ化したこどもは自分でプランクトンを食べて成長する。クジラの胎児は母親のおなかの中で成長する。鳥類では、ふ化したこども（ヒナ）はすぐには自分で動いて餌を探すことができない（中にはニワトリの"ひよこ"のように自分で動きまわって餌を食べるものもいるが）。親から餌をもらって育つ。

そのため、海鳥は子育てのために、かなり長いこと陸上で過ごさなければならない。卵が産まれてからヒナが自力で生活するまで、つまり巣立ちするまで半年近くかかる種類もいる。その間ずっとオスとメスで抱卵を交代するためや、ヒナに餌をあたえるために巣がある島にたびたびもどってこなくてはいけない。そのような島にはとてもたくさんの親が集まって子育てしており、コロニー（集団繁殖地）と呼ばれる（図 1-11）。その島が魚のたくさんいる場所から

第1章 海鳥たち

図 1-11　ペンギンのコロニー（マカロニペンギン・サウスジョージア島）
撮影：高橋晃周

遠いと大変だ。アホウドリ科では 1000 キロメートル以上も離れた海域まで通勤してヒナを育てる。

　巣と食事をする場所が離れているとどう大変なのか。ほ乳類であるオットセイと比べてみよう。オットセイの子も陸にいる。母親は海でオキアミを食べ、これを消化・吸収して脂肪として体にためて陸に運ぶ。そして、脂肪をミルクに変えこれを授乳する。脂肪は 1 グラム当たり 9 キロカロリーのエネルギーを生み出す。一方鳥類は食べ物をくちばしにくわえたり、胃の中に入れたりしてヒナにもって帰らないといけない（図 1-12）。海鳥の食べ物は魚やイカである。これらは 1 グラム当たり 1〜2 キロカロリー程度だ。脂肪の 5〜9 分の 1 だ。つまり、同じカロリー量をヒナのため陸に運

図 1-12 ヒナに口うつしで餌をあたえるコアホウドリ

ぶとしたら、海鳥はオットセイの 5〜9 倍の回数、島と餌場を往復しないといけない。餌場まで遠いととても大変なのだ。

 海鳥はたくさん食べる

　鳥類は温かい血をもつ動物、つまり恒温性(こうおんせい)の動物だ。気温がマイナス 10℃でもプラス 40℃でも、自分の体温をだいたい 37〜39℃に保つことができる。一方、魚やカメは体温を保てない変温性だ。20℃の日なたにいたカメが 5℃の水に入ると、水が冷めるのと同じように体温もそのうち 5℃まで下がる。
　恒温性の動物も変温性の動物も、ある程度体温が高くないと動けない。5℃の水に入ったカメは体温が下がるので動けなくなる。多

第1章　海鳥たち

図 1-13　海鳥たちの生活

くのサメが熱帯や亜熱帯の海にしか分布しないのも同じ理由だ。マグロは泳ぎ続け特別な筋肉を運動させることで、ある程度体温を保つことができる。そのため、水温が低い海域、たとえば津軽海峡やオーストラリアの南の海にも分布している。そんなマグロでもさすがに北極海や南極海では生活できない。

　一方、海鳥やほ乳類は多くの種類が南極海や北極海でも生活できる。ペンギンやクジラなどを考えたらよい。海での大きな捕食者の

主役は、暖かい海ではサメやマグロなどであり、冷たい海では海鳥やクジラなのである。これから述べるように海鳥の運動能力はとても高い。恒温性と高い運動能力があるから、海鳥は寒い場所でも効率よく魚をとらえて食べることができる。

　しかし、体温を保つためには体にためた脂肪などをいつも燃やし続ける必要がある。この脂肪はもとはといえば食べた物だ。つまり、たくさん食べないといけないわけだ。たくさん食べないとやっていけないのが恒温性の海鳥、クジラ、アザラシの欠点である。

第2章 海鳥の運動能力

　前章ではまず海鳥の特性を説明した。海鳥は魚であるマグロやほ乳類であるクジラと比べてどこがすごいのか？　一言でいえば、海鳥は空も飛べるし水にも潜れるのがすごい。海鳥は空を飛ぶ唯一の海洋生物なのだ。

飛行速度と遊泳速度

　マグロでは、餌である小魚を追いかけたりするときの速度は最大で時速 100 キロメートルにもなるが、ふだん泳ぐときの速度は時速 10 キロメートルくらいである。クジラもふだんは時速 7 キロメートル程度で泳ぐ。ところが、海鳥たちの空中での速度は、こういった海洋生物の水中での速度に比べたらひとけた速い。後でくわしく述べるように空中では水中に比べるとほとんど抵抗がないので、速く動けるからだ。カモメやアホウドリが飛行するときのふつうの速度は、時速 40 〜 70 キロメートルに達する（図 2-1）。

　空を飛ぶだけではない。水の中でも海鳥たちはクジラやマグロに負けないくらいの速度で泳ぐ。ペンギンは時速 7 〜 8 キロメートル、ウは時速 6 キロメートルで泳ぐ（図 2-1）。2013 年 4 月時点での 100 メートル自由形の世界記録は時速に直すと 7.7 キロメートルだ。人間はわずか 100 メートルだけの泳ぎだが、海鳥はこれに近

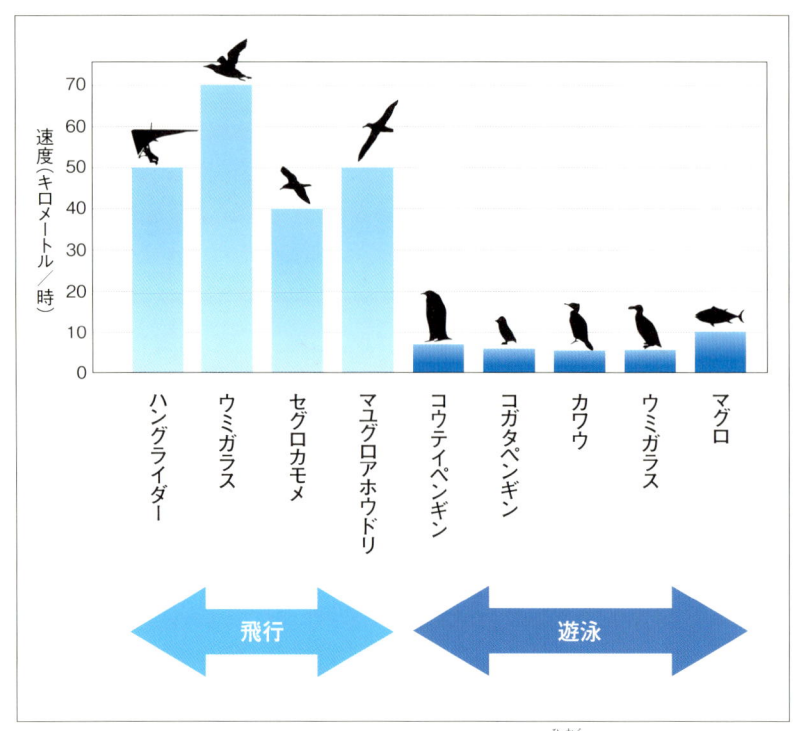

図 2-1　ふつうの飛行速度と遊泳速度の比較

い速度でいつも泳いでいる。

　移動速度が速いととても有利な点がある。それは短い時間で遠くまでいけることだ。海鳥は陸上に巣をつくって子育てをしなければならない。一方、彼らの食べ物は海の中だ。そして広い海の中には魚がまったくいない場所がほとんどで、魚がたくさんいる場所は限られている。だから、子育てするには、魚がたくさんいる場所と島との間を毎日何度も往復しないといけないことを先に話した。速く移動できないと困るわけだ。

　また、夏と冬それぞれの時期で最も魚がたくさんいる場所で生活

するために、渡りをする種類もいる。ハシボソミズナギドリ（図 2-2）は、12000 キロメートル以上、つまり地球を 3 分の 1 周する距離を毎年往復する（図 2-3）。10 月から 3 月には、その時期オキアミがたくさん利用できる南極海でそれを食べてタスマニアで子育てし、6 月から 9 月には、その時期にオキアミやイカがたくさん利用できるオホーツク海や

図 2-2　ハシボソミズナギドリ
撮影：西沢文吾

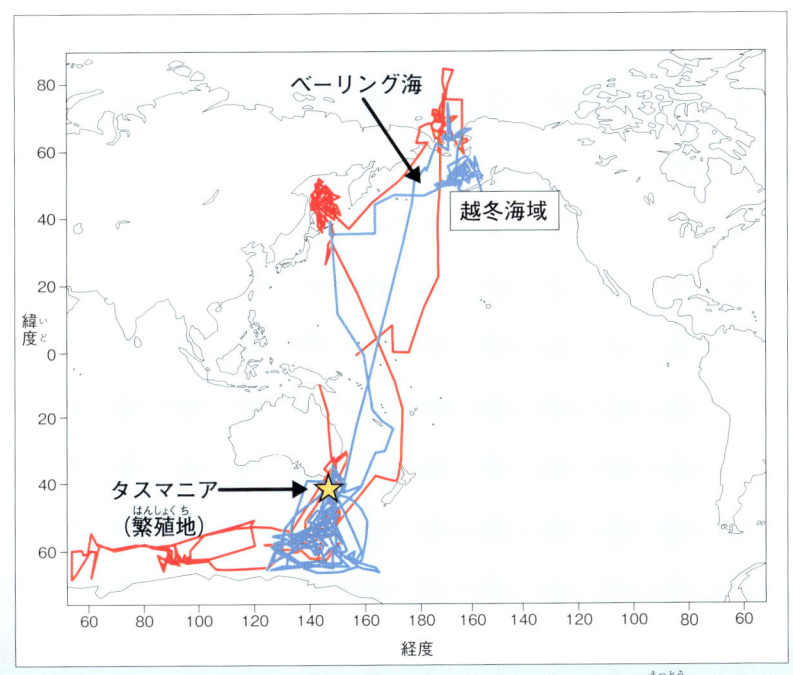

図 2-3　ハシボソミズナギドリの 2 個体（赤と青で示す）の移動経路と越冬海域

ベーリング海で過ごすためだ。この距離を時速50キロメートルくらいで夜も昼も休みなく飛行して2週間程度で渡り切る。

潜水深度

　酸素ボンベを使わず足ひれだけで（おもりをもつ場合もある）どこまで潜れるかを競う競技がある。ジャック・マイヨールは1976年、この競技で初めて100メートルの深さを超えた。そのときの潜水時間は3分40秒だった（表2-1）。鳥類では、潜水深度の記録保持者はコウテイペンギンだ。10分かけて564メートルの深さまで潜ってまた浮上した記録がある（もっと知りたい：23ページ）。海洋生物の中でのオリンピックレコードはマッコウクジラがうちたてている。信頼性の高い記録としては、深さ1300メートルまで潜った記録がある（表2-1）。

　大きな動物は長く深く潜れることがわかっている。体重10トン

表2-1　体重と最大潜水深度と最長潜水時間

種類	体重 （キログラム）	最大潜水深度 （メートル）	最長潜水時間 （分）
鳥類			
ウトウ	0.6	60	2.5
ハシブトウミガラス	1.0	136	3.7
アオメウ	2.5	116	5.2
コウテイペンギン	26.0	564	15.8
ほ乳類			
ゾウアザラシ	283.0	1273	67.8
マッコウクジラ	8500.0	1304	64.0
ヒト	60.0	100	3.7

第2章　海鳥の運動能力

もっと知りたい！

ペンギンの潜水行動を調べる

　動物の潜水深度はいったいどうやって測ったらいいのだろう？　ペンギンといっしょに潜れればいいのだが、そんなことはとても不可能だ。いっしょに潜るのが不可能ならば、動物に記録計を付けてやればいい（図）。何を記録したら深さがわかるのだろう？　水深が深くなるほど上にある水の量が増えるので、体にかかる圧力（水圧）は増える。2〜3メートルの深さに潜ると耳が痛くなるのはそのせいだ。水圧で鼓膜が押されるのだ。だから潜水深度を測るには水圧を測ればいい。圧力を感じるセンサーを付けておいて、それを連続して記録できるようにしてやれば、潜水行動がわかる。

　記録するにはどうしたらいいのだろう。センサーからの信号をメモリーに記録しておき、後で読み出せばいい。たとえば、携帯電話のメモリーには電話番号だけでなく、留守電メッセージ、撮った写真、ダウンロードした着信メロディでも何でも記録できる。それと同じだ。このように記録計を動物の体に装着して、いろいろな情報を記録させ、後で回収してその記録を読み出して動物の行動を研究する技術を「バイオロギング」と呼ぶ。これによってここ30年で海鳥の行動の研究は飛躍的に進歩した。

図　電波発信機とデータロガーを付けたアデリーペンギン

近くのマッコウクジラが長く深く潜れるのはあたりまえなのだ。体重のことも考えに入れないといけない。同じ体重だとしたら、どのくらい長く深く潜るかを計算によってもとめることができる。そうすると、計算上ではペンギンの最長潜水時間はクジラやアザラシより2倍程度長い。さらに、チドリ目のウミスズメ科の海鳥であるウミガラスはペンギンに比べ2〜3倍長く深く潜る。

5つの運動タイプ

海鳥たちが高い運動能力をもつ理由のひとつは、その運動パタンにある。海鳥の運動の様式は5つのタイプに分けることができる。これから海鳥の運動様式について説明していこう（もっと知りたい：27ページ）。

どのように5つに分けられるのか？　カエル、トカゲ、鳥、ほ乳類は一対の手と足をもっている。これを四足動物という。私たちもふくまれる。海鳥は手を羽ばたくか足でこぐかして、空中と水中を移動する。空中を羽ばたく"手"は"翼"、水中をこぐ"足"は"足ひれ"だ。空中と水中でうまく進むためには、この"翼"と"足ひれ"の「大きさ」と「かく回数」がポイントになる。これについては後で述べる。

翼を使って飛ぶのが鳥だ（図 2-4）。海鳥で最も種類が多いのは、翼を使って飛行だけするグループだ。潜水はほとんどしない。海の上に浮くことはできる。これが鳥類としての「基本形」だ。海鳥では、カモメ科、ミズナギドリ科の多くの種、ウミツバメ科に加え、

第2章 海鳥の運動能力

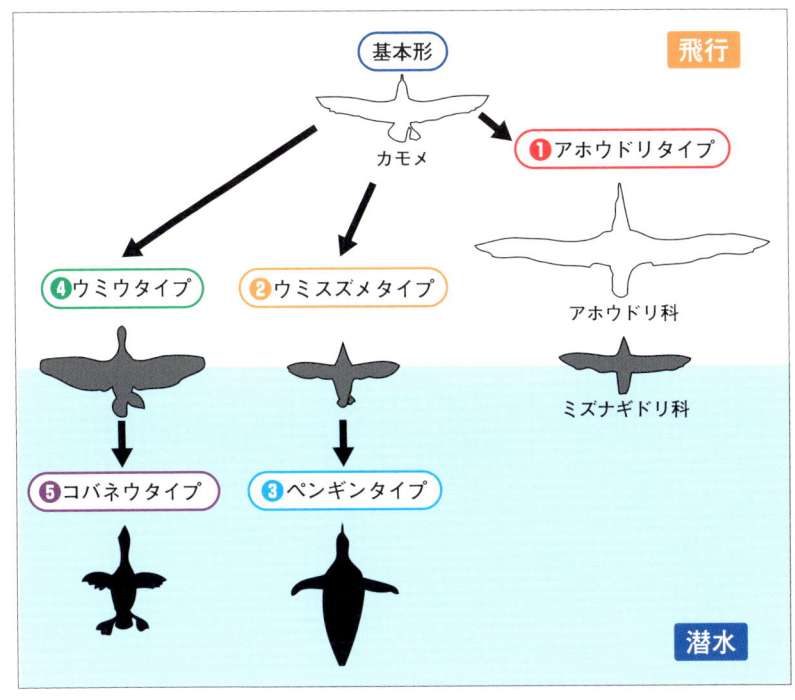

図 2-4 海鳥の5つの運動のタイプ
　　　空中だけは白、水中だけは黒、空中・水中は灰色

ペリカン科もこの仲間になる。合わせると 230 種くらいにはなるだろう。

　基本形の飛行方法をさらにくわしくみると、翼を広げたまま動かさないで飛行する「滑空」と翼をバタバタと動かす「羽ばたき」の2つがある。アホウドリ科はおもに滑空して飛行し、ミズナギドリ科の一部もよく滑空する（図 2-5）。おもに滑空で飛行するタイプを「❶アホウドリタイプ」とし、次の第3章ではこのグループについて説明しよう。羽ばたき飛行については第4章で説明する。

　翼を空中で使うとともに、これを水中でも使い、翼を羽ばたいて

図 2-5　滑空するワタリアホウドリ
撮影：伊藤元裕

　進むタイプがいる。「❷ウミスズメタイプ」だ。翼が小さい。ウミスズメ科・モグリウミツバメ科がこれに入る。またミズナギドリ科の一部も翼を羽ばたいて潜ることがある。

　翼がさらに小さく、これを水中でだけ使うタイプがいる。「❸ペンギンタイプ」だ。飛ぶことをやめた海鳥だ。水中の移動だけに翼を使うペンギンがその代表だ。

　一方、足ひれを水中で使うタイプがいる。翼で空中を飛行し足ひれをこいで水中を進む「❹ウミウタイプ」だ。ウ科がこれに入る。

　足こぎグループで飛ぶことをやめたのが、最後の「❺コバネウタ

第2章 海鳥の運動能力

もっと知りたい！

海鳥の運動タイプのまとめ

運動タイプ	飛行・潜水	利用空間	翼・足ひれ	例（グループ）
基本形	羽ばたき飛行	空中	中〜大きい翼	カモメ・アジサシ科 ウミツバメ科 カツオドリ科
❶アホウドリタイプ	滑空飛行	空中	大きく細長い翼	アホウドリ科 ミズナギドリ科（一部） 偽歯類（絶滅）
❷ウミスズメタイプ	羽ばたき飛行 羽ばたき潜水	空中 水中	中程度の翼	ウミスズメ科 モグリウミツバメ科
❸ペンギンタイプ	羽ばたき潜水	水中	小さな翼	ペンギン科 オオウミガラス（絶滅）
❹ウミウタイプ	羽ばたき飛行 足こぎ潜水	空中 水中	大きな翼 足ひれ	ウ科
❺コバネウタイプ	足こぎ潜水	水中	大きな足ひれ	ガラパゴスコバネウ ヘスペロルニス（絶滅） プロトプテルム（絶滅）

イプ」である。翼はとても小さく空中ではもちろん水中でもほとんど役に立たない。今生きている種類では唯一ガラパゴスコバネウ（図7-3：92ページ）がそうである。

　足を羽のように動かして空中を飛ぶタイプはいない。化石でも見つかっていない。足ひれを飛行に使うとしたら、これをコウモリの手の膜のように大きくしなくてはいけない（その理由については後で説明しよう）。それでは陸上で生活できなくなってしまう。

　第3〜6章では、❶アホウドリタイプ、❷ウミスズメタイプ、❸ペンギンタイプ、そして❹ウミウタイプの4タイプについて、

順番にくわしく説明していこう。どういった大きさの翼や足ひれを、どのように使うのか。それが、食べ物を探したりとらえたりするのにどのようにいかされているのか。その後、第7、8章では空中と水中での海鳥の高い移動能力がかたち（形態）とどうかかわっているのか、またどのように進化してきたのか、5番目の❺コバネウタイプもふくめ、彼らの歴史を見てみよう。

第3章 アホウドリは羽ばたかずに飛行する

滑空のしくみ

　グライダー（滑空機）はプロペラもなく翼も動かさずに、長い時間飛行できる（図3-1）。どうしてか？　細長い翼とその断面のかたちにその秘密がある。翼の断面のかたちは、前の方から翼に空気を吹きつけたときに、翼の上面にそった空気の流れの方が下面の流れより速くなるようにできている。そのため、上の面にかかる力が下の面にかかる力より小さくなる（図3-2a）。結果として下から押

図3-1　グライダー
　　　　提供：社団法人 三重県航空協会

29

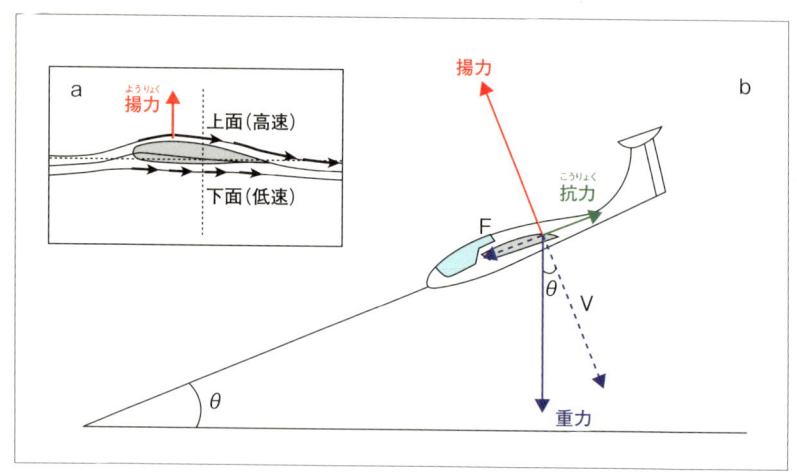

図 3-2　a：空気中を左に進む翼（断面）の上と下の空気の流れ
　　　　b：頭を地面に対して角度 θ でわずかに下に向けて滑空するグライダーに働く力

し上げられる。強風で屋根が浮くのと同じだ。

　この上向きの力が「揚力」だ。空気に対して翼が速く動くほど、つまり速度が大きいほど揚力も大きくなる。また、翼の面積が大きいほど、揚力も大きくなる。

　プロペラなど動力のないグライダーはどうやって速度を生み出すのか？　じつは、落ちることで速度を得ている。グライダーが頭を斜め下にして落ちることを考えよう（図 3-2b）。この場合、揚力は進行方向に対し直角上向きの方向に生まれる。重力の進行方向に対する直角方向の成分（V）とこの揚力とがつり合っている。グライダーは空気を押し分けて進むので、進行方向と反対方向に働くのが抵抗力（抗力）だ。重力を分解したときの進行方向の力の成分（F）が、この抗力とつり合っている。重力、揚力、抗力の3つの力がつり合うのだ。そのため同じ速度で、ある角度（θ）で斜め下に落

 アホウドリは羽ばたかずに飛行する

ちていく。抗力に対して揚力が大きいほど、落ちていく角度（θ）が小さいところでこれら3つの力がつり合う。このとき翼のかたちが重要だ。同じ翼面積でも、グライダーはその細長い翼によって、セスナのような軽飛行機の短く幅広い翼に比べたらより多量の空気を動かせる。これによって揚力に対し抗力が小さくなり、長いこと落ちないで滑空できるのだ。

しかし、滑空するだけではいくら落ちる角度が小さくても、いつかは地面に落ちる。グライダーのパイロットは、空気が上へと動く「上昇気流」のある場所を見つけ、うまく操縦して機体をそこにもっていく。上昇気流に乗って再び高さをかせぐことができるので、さらに長い間飛び続けられる。これはトンビが羽ばたかずにずっと飛べるのと同じ理屈だ。

アホウドリ科の滑空

「❶アホウドリタイプ」の代表、ワタリアホウドリは翼を広げると3メートルにもなり、重さも10キログラムを超える。海面近くをゆうゆうと、まったく羽ばたかずに飛行していく（図2-5：26ページ）。どうして羽ばたかずに飛行し続けられるのか。それは「ダイナミックソアリング」と呼ばれる、特別な飛行術をもっているからだ。ソアリングとは滑空することを意味する。

ワタリアホウドリがダイナミックソアリングを行える理由の1つは、グライダーと同じく滑空性能が高いためだ。細くて長い翼をもっている。その細長さはまさにグライダー並みだ。もう1つ、

ずっと飛び続けるには上昇することも必要だ。グライダーのパイロットやトンビは「上昇気流」を利用していた。上昇気流は、山や崖(がけ)に風が当たって上に吹き抜(ぬ)けるところや、地面が太陽で暖められその上の暖かくなった空気が軽くなって上昇するところで生まれる。しかし、これらがない海上では上昇気流もない。どうするのか？

風速勾配(こうばい)とダイナミックソアリング

　連続して滑空し続けるためのカギとなるのが、海面近くの風だ。ワタリアホウドリは南極大陸の周りの南緯(なんい)50度くらいの海で生活している。そこではいつも強い風が吹いている。いわゆる「暴風(ぼうふう)圏(けん)」と呼ばれる海域だ。風には海面近くで急に弱まるという性質がある。高さ20メートルのところで台風並みの風が吹いていたとしても、海面すれすれではほぼ無風になる。これを「風速勾配(こうばい)」という（図3-3）。この海面20メートルまでの間で風速が大きく変わることがワタリアホウドリの飛行にとって重要な働きをする。

　まず、海からの高さ20メートルのところで風下側に頭を向ける（図3-3の①）。このとき空気に対する速度はほぼ時速0キロメートルで揚力は小さくなり、当然ながら下に向かって斜めに落ちていく（②）。下降しながら重力によって加速される。さらに風も弱まるので、風下に向いているとはいえだんだん空気に対する速度は大きく、揚力も大きくなる。海面近くでは、速度は時速100キロメートルにも達する。

第3章 アホウドリは羽ばたかずに飛行する

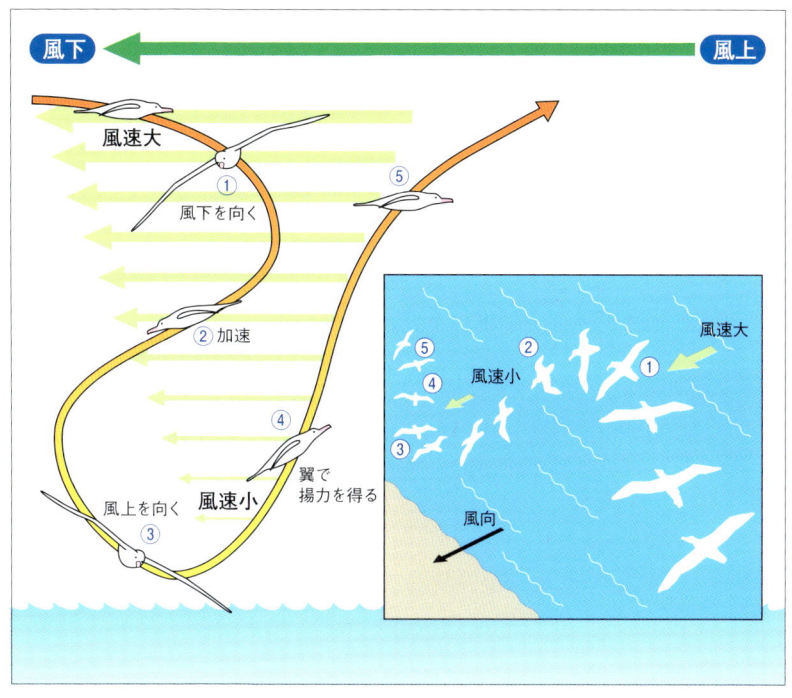

図 3-3　アホウドリのダイナミックソアリング
丸数字は本文と対応

　そして海面すれすれで 180 度方向転換し、今度は風上方向を向く（③）。無風状態の海面すれすれでも、時速 100 キロメートルで進むことになる。翼の上を空気が時速 100 キロメートルで流れるので、大きな揚力が翼に働いて上昇しはじめる（④）。上昇とともに、動かない海面に対する速度は低下するが、高くなると風速が大きくなるので、この動いている空気に対するアホウドリの速度はかなり速い。揚力は空気に対してどのくらい速く動くかで決まる。そのため揚力があるので落ちないですむ（⑤）。高度 20 メートルまで上昇したら、再び風下を向いて下降する（①から②）。

このように下降と上昇をくり返せば、羽ばたかずにずっと飛んでいられる。これがダイナミックソアリングのおよその原理である。
　海面近くと高さ20メートルくらいの間を、数秒かけて上下しながらその最高点と最低点で方向転換する。方向転換をうまくやれば、ジグザグになりながら一定の方向に移動できる（図 3-3）。風向きに対して直角の方向にしか進めないという欠点はあるが、「風速勾配」をうまく利用して移動し続けるとてもうまいテクニックである。羽ばたかないのだから筋肉はほとんど使わない。省エネな（疲れにくい）飛行だ。休んでいるのとほぼ同じエネルギー消費で、空中を移動できるのは驚異的である。

ダイナミックソアリングを見る

　双眼鏡さえあれば、このダイナミックソアリングを見ることができる。陸を遠く離れた海の上で海鳥を観察するには、長距離フェリーに乗るといい。まず種類を見分けよう。でも種類がわかったからおしまいと思わないでほしい。そこからが観察だ。
　コアホウドリを見つけたら、羽ばたいているかいないかを確認しよう。羽ばたいていなかったら、黒い背中を見せているのか白い腹を見せているのか注意しよう。背中を見せるときと腹を見せるときとが数秒ごとに入れ替わるはずだ。それと同調して、水面近くと高度10～15メートルくらいの間をゆっくりと高くなったり低くなったりするだろう。ダイナミックソアリングをしているのだ。

第3章　アホウドリは羽ばたかずに飛行する

　一方、カモメの仲間の場合はゆっくりと羽ばたきながら飛んでいく。ときどきは羽ばたかないで飛行するが、それはアホウドリのように腹と背が入れ替わる飛び方ではない。グライダーと同じようにソアリングしているだけだ。

　何種かのカモメ類が同時に飛んでいるのを見ることもある。大きなオオセグロカモメと小さなユリカモメでは羽ばたく回数が微妙にちがうことに気がつくだろう。何か理由があるはずだ。なぜだろう、と思うことこそが科学のはじまりだ。あたえられた問題を解くのは教科書や参考書を読んでがんばれば何とかなる。学校での勉強がそれだ。しかし、何が問題なのかは学校では教えてくれない。科学するうえで最も大事なのは問題を見つけることだ。

省エネ飛行で食べ物を探す

　アホウドリは潜れない。海に浮いているイカや魚の卵などをついばんで食べる。こういった食べ物はどこに浮いているかよくわからない。運よく見つけられればいいが、食べ物をえんえんと探し続けなければならないかもしれない。それを可能にしているのがこのダイナミックソアリングだ。エネルギーを使わずに広い海を飛行し続けることができる。

　たとえば、ワタリアホウドリは南半球の秋である5月から冬にかけてヒナを育てる。南極の海でのイカの繁殖シーズンは夏から秋にかけてである。多くのイカは繁殖を終えると死ぬ。ワタリアホウドリは、秋に繁殖を終えて死んだか弱ったために海面近くに浮いて

きたイカを食べていると考えられている。数時間から1日かけて100〜1000キロメートルを移動しながら、大きな（最大は長さ1メートルを超す）イカを見つけているらしい。

臭いを使う

いくら省エネ飛行しているとはいえ、どこに浮いているかわからない食べ物を見つけるのは大変だ。そのためには何か手がかりを使っているはずだ。オキアミやイワシなどはたいてい群れや集団をつくっている。この群れをどうやって見つけるのか。アホウドリの仲間はこういった海に浮いている餌生物の集団を見つけるのに臭いを使っている。そのことを示すのが、脳にある「嗅球」と呼ばれる臭いの感覚をつかさどる部分の大きさだ。アホウドリ科をふくむミズナギドリ目の嗅球はほかの海鳥に比べかなり大きい（図 3-4）。

実際、ミズナギドリ目は臭いにとても敏感だ。タラなどからしぼった油を海面に流すと、ミズナギドリ科、ウミツバメ科、アホウドリ科などがその魚くさい臭いにつられて集まってくる。しかもそれは風下からだ。

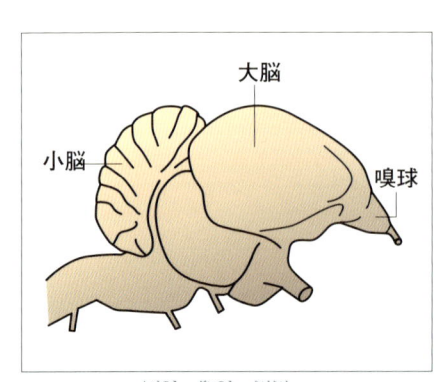

図 3-4　鳥類の小脳、大脳、嗅球
嗅球の径の大脳の最大径に対する比率は、アホウドリ科、ミズナギドリ科、ウミツバメ科では29〜33％と大きいのに対し、カモメ科、ウミスズメ科、ウ科では8〜16％と小さい

第3章　アホウドリは羽ばたかずに飛行する

ワタリアホウドリが食べ物となる海洋生物が集まっている場所から数キロメートル圏内に入ったとしよう。その風下２〜３キロメートルの距離からは、ジグザグしながらあるいは風を横切りつつ、そこにゆっくりと近づく。そして、風下１〜２キロメートルまでくると、急にその食べ物がある風上方向に進路を変えて、まっすぐにそこにいく。ミズナギドリ目の海鳥は、食べ物からの臭いの流れをたよりにそれを見つけているらしい（図 3-5）。

図 3-5　オオミズナギドリ
撮影：西沢文吾

> もっと知りたい！

鳥の構造

　ここで鳥類の形態について、ハシボソミズナギドリ（図 2-2：21 ページ）を使って、本書に関連する体の部分の構造を紹介しておこう。まず全体をながめてみよう（図 1）。この写真では、わかりやすくするため体の羽毛を抜いてある。特に「手、つまり翼」と尾の羽が特徴だ。

　羽毛の構造は、私たちほ乳類の体毛とはまったくちがう。1 枚の羽毛（これは初列風切り羽）をくわしく見ると（図 2）、羽軸（真ん中の軸）の両側、右と左の部分がある。これを羽弁という。羽弁は左右非対称だ。この羽を裏（腹側）から見た写真では右の羽弁が大きい。翼を広げて、鳥が水平飛行しているときは、小さい方の羽弁が前になるようになっている。羽弁はたくさんの羽枝が並んでできている。羽枝どうしは、そこから出ているさらに小さなフック（これを小羽枝という）で、マジックテープのようにしっ

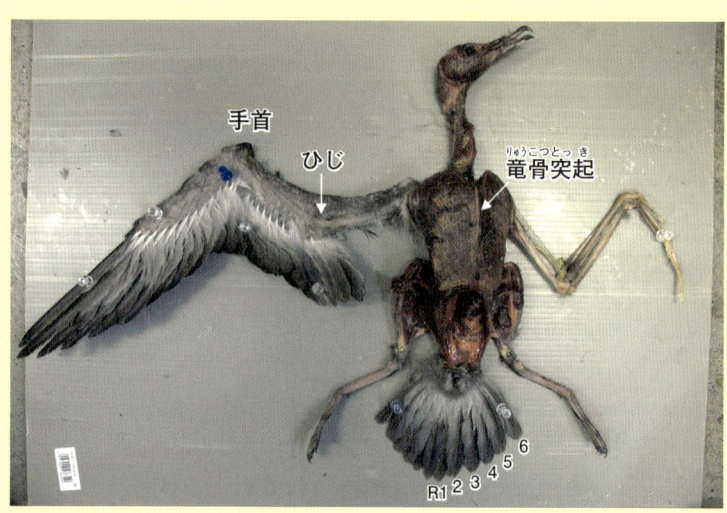

図 1　腹側から見たハシボソミズナギドリ全身
　　　皮をはいである。左腕は骨だけにした。右翼では、風切り羽以外は抜いてあり、初列風切り羽と次列風切り羽だけ示す（図 3）。左側尾羽の番号を示す。左側尾羽は真ん中の R1 から最外側の R6 まで 6 枚ある

第3章 アホウドリは羽ばたかずに飛行する

かりと連結されている。だから、羽弁はいったんバラバラにされても、さっとなでると、元どおりになる。このしくみによって、1枚1枚の羽毛が軽くしなやかで丈夫で、しかも大きな面積をもつことができ、それぞれで大きな揚力を生み出すことを可能にしている。

次に、翼をくわしく見てみよう（図3）。翼の主要な羽毛は、10枚程度の初列風切り羽（P1〜P10）と20枚程度の次列風切り羽（ここではS1〜S10まで示す）だ。これらはそれぞれ腕の別の部位から生えている。初列風切り羽が生えているところが、私たちでいえば手のひらと指に当たる部分だ。次列風切り羽は、ひじから先の腕に当たる部分から生えている。

図2　左翼の初列風切り羽（P7：図3）
翼を広げて水平飛行しているとき腹側から見た図。左が前になる

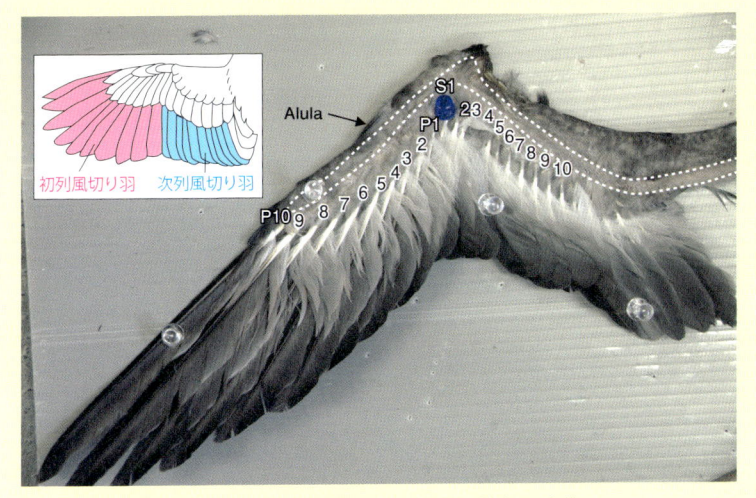

図3　左翼を上から見た図（上）と腹側から見た右翼の拡大図（下）
　　　初列風切り羽の番号（P1〜P10）を示す。次列風切り羽の番号は1（S1）から10枚目まで示す。S4は欠損。次列風切り羽は20枚まである。第一指の先に付いており、自由に動かせる小翼羽（Alula）も示す。白い破線は骨格を示している

では、これらの羽毛を抜き皮もはいでみよう。そうすると腕本体の骨格が現れる。ひじから先を拡大したのが図4だ。この部位がいわゆる「手羽先」である。指は何本だろう。手の先端に3つの突起があるのがわかる。これが3本の指だ。指どうしがくっついており、先だけがわかる。手のひらと指の部分が、とても変形している。腱がひじをまたいで、前腕と上腕をつないでいるのがわかる。

　最後は、胸だ。図1は腹側から撮った。胸の真ん中に少しもり上がった縦の線が見える。これが竜骨突起と呼ばれる、胸骨の真ん中がせり出した部分だ。筋肉と背骨やろっ骨をはずして、胸の骨を腹側と左横から見たのが図5と6だ。胸骨と上腕骨をつないでいるのが、烏口骨と呼ばれる私たちほ乳類にはない骨だ。烏口骨と上腕骨がつくる関節には、サーベル状の肩甲骨もつながっている。そしてこの関節には、もう一対の骨、叉骨が付いているのがわかる。この胸の骨格と、竜骨突起の大きさからわかるように巨大な胸筋が力強い羽ばたきを可能にしている（図4-3：48ページ参照）。

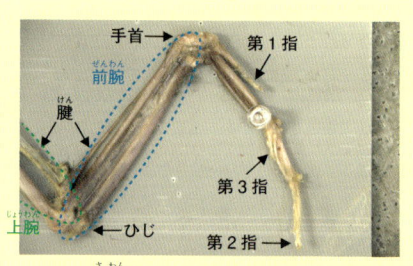

図4　左腕の骨格を腹側から見た拡大図
　　　3本の指を示す

図5　胸の骨格を腹側から見たところ
　　　叉骨、肩甲骨、烏口骨 の3つが合わさったところにすき間（Trioseal canal）が見える

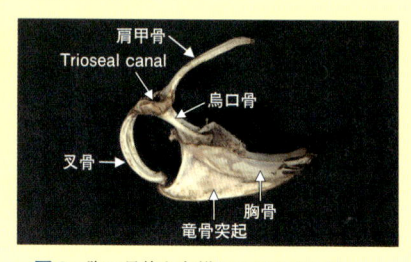

図6　胸の骨格を左横から見たところ
　　　竜骨突起の側面がよく見えている

第4章 ウミガラスは空中と水中を飛行する

　次は、翼を羽ばたいて飛行し、また翼で水に潜る「❷ウミスズメタイプ」だ。ウミスズメ科とモグリウミツバメ科の30種くらいがこのタイプに入る。❷ウミスズメタイプの翼は❶アホウドリタイプに比べればかなり小さい（図2-4：25ページ）。翼が小さいのはどうしてか。この小さい翼をどのように羽ばたいて飛行し、水に潜るのか。そのしくみについて見ていこう。

空中では重力が大事

　水中と空中を進むために使うのは、鳥の場合は翼か足ひれだ。空中では翼を使う。空中では下向きの重力が働く。重力も力の一種だ。力とは質量に加速度（1秒間に速度をどのくらい速くできるかの程度）をかけたものだ。重いものを動かすには大きな力が必要だし、止まっている物を速く動かすにも大きな力が必要だ。力はニュートンという単位でその大きさを表す。1ニュートンは1キログラムの質量の物体について、1秒当たり毎秒1メートルの速度分だけ速くする、つまり加速する力のことである。100グラムの物体に働く重力がだいたい1ニュートンである（正確にいうと、1キログラムの物に働く重力は9.8ニュートン）。重力に逆らって浮かぶためにはどうするのか？

先にグライダーやアホウドリが「揚力」と呼ばれる力を生み出すしくみを説明した。羽ばたき飛行も基本はいっしょだ。ちがうのは、自分が移動する速度に加えて、翼を羽ばたくときに翼が空気を切る速度を使って揚力を生み出すことだ。上下に羽ばたいて、どうして上向きの力、揚力が出せるのか？　それについて説明しよう（図4-1）。翼を打ち下げ・打ち上げるときに、真下と真上でなく少し前後に角度をつけることと、その翼が進む方向（図4-1の緑色の線の軌道）に対して翼の面を少し上に傾ける（迎え角、α）ことに秘密がある。

　打ち下げは体に対して後ろから前に行い、打ち上げは体に対して前から後ろに行う。このとき、体自体も前へ進んでいることに注意しよう。打ち下げ時には、翼は斜め下向きに進む（図4-2）。そして、翼は、この翼が動いていく方向（図4-1の緑色の線の軌道）に対して、ある角度（α）でやや上を向いている。これが迎え角だ。そのため揚力の方向はかなり前に傾くので、揚力と抗力とが合わさった合成力（R）も少し前に傾いており、しかも大きい。グライダーの滑空のところで学んだ（図3-2：30ページ）ように、この力（R）は二つの方向に分解できる。この図では、力（R）は垂直方向と水平方向（つまり鳥が進む方向）に分解している。垂直方向の力（V）は上向きの力である。鳥にかかる重力よりVが大きいので、鳥はもち上げられる。一方、Rの水平方向の成分（F）が、空気抵抗に打ち勝って前に進む力のもととなる。

　打ち上げ時には、翼は斜め上向きに進む。そして、翼の向きは、翼の進む方向（図4-1の緑色の線の軌道）に対して角度が小さくな

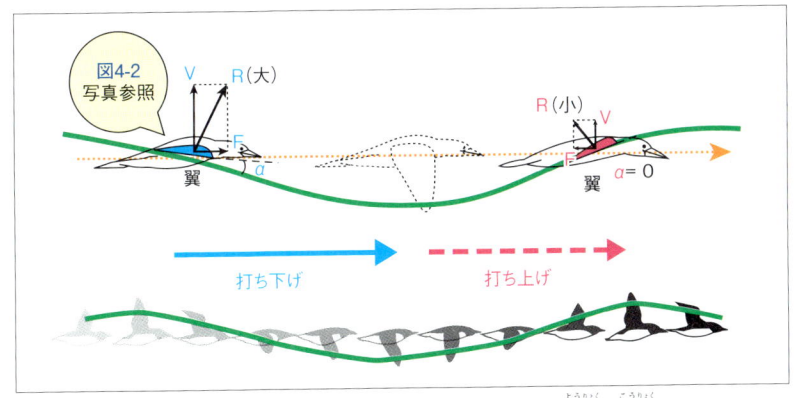

第4章　ウミガラスは空中と水中を飛行する

図 4-1　翼の打ち下げと打ち上げ時に働く力（R）：ここで、Rとは揚力と抗力（図 3-2：30ページ）とが合わされた合成力のことである

　　　鳥の体が左から右に進んでいくとき、翼の位置は緑色の線のように動いていく（軌道）。翼の向きは打ち下げ時に、この軌道に対してある角度（迎え角 α）をもっている。そうすると大きな合成力（R）が生み出される。この力の垂直成分（V）が重力に打ち勝って上昇し、前向き成分（F）が空気抵抗に打ち勝つので前に進める。一方、打ち上げ時には迎え角をつけない（α = 0）。そのため打ち上げ時の力（R）は小さく、垂直成分（V）も小さいので落下するが、後ろ向き成分（F）も小さくてすむ

図 4-2　羽ばたき飛行するオーストラリアカツオドリ
　　　翼を打ち下げている。後ろから前に打ち下げており、その軌道に対して翼の面は上を向いている。撮影：吉野雄輔

るようにしている。そのため、合成力（R）は少し後ろ向きでしかも小さい。この場合、この力を分解した水平方向の力（F）も後ろ向きになって、空気抵抗に加えられることになる。つまり、ブレーキになってしまう。鳥は前に進みたいので、後ろ向きの力をなるべく小さくするように、合成力（R）を小さくしている。そのため、上向きの力（V）も小さく、これより重力が大きければ、打ち上げている間は、鳥は落下する。

こういった力を調整するために、鳥は翼の進行方向やそれに対する翼面の角度、つまり迎え角（α）をいろいろ変える。また、鳥は翼の面積を変えることもできる。実際に打ち上げ時には、迎え角を変えるだけでなく翼の面積を小さくしてもいて、そのときの合成力（R）を小さくしている。

このようにして、羽ばたき飛行でも翼の打ち下げ・打ち上げをくり返して、いずれにおいても上向きの力を出して飛行しているのだ。揚力は翼の面積が大きいほど大きい。だから羽ばたき飛行においても、翼は大きい方が有利だ（図 4-2）。では次に水中での動きをみてみよう。

水中では浮力と抵抗が重要

水中では別の力が働く。水中と空中では何が大きくちがうのだろう。呼吸できないこともそうだ。これについては次の章で説明しよう。もうひとつは重さだ。同じ体積の重さ（つまり密度）で比べると、水の重さは空気の 800 倍ある。そのため、空中と水中

第4章　ウミガラスは空中と水中を飛行する

で働くおもな力はちがってくるのだ。空中では重力、水中では浮力と抵抗となる。そのため、空中と水中で羽ばたいて飛行するためには、翼の面積と羽ばたき回数を変えなければならない。それについてちょっと説明しよう。

水中では浮力がある（もっと知りたい：46ページ）。羽のすき間に空気をためているので、たいていの海鳥は浮力が大きい。そのため、私たちとちがって容易に水に浮いていられる。一方、これは上向きの力なので、潜っていくときには邪魔になる。海水は塩が溶けているのでその密度は真水に比べわずかに大きい。だから海の方が浮きやすい。浮力があると楽な気がするが、海鳥たちは魚をつかまえるため深いところまで潜っていかないといけない。そのとき、上向きの力に逆らうために下向きの力を出す必要がある。私たちも水に潜るときはたくさん空気を吸いこむ。そのため浮力が大きい。だから、一生懸命手足をこがないと潜っていけない。でも浮くのは簡単だ。浮力があるからだ。

また、水中では空中に比べ抵抗がとても大きい。これも水の密度が空気に比べて大きいせいだ。空気とちがって水は体にまとわりつく力をもっている。粘性が大きいということでもある。これが翼や足ひれの大きさにかかわってくる。プールでビート板を手に付けてこぐことを考えよう。空中では簡単に動かせたビート板でも水中でこぐのは大変だ。水中では抵抗が大きいからだ。だから、潜水専門家のペンギンの翼は小さいのだ。その結果として、小さい翼をいくら一生懸命羽ばたいても、空中で浮くための力を出せない。だからペンギンは飛べない。では、翼で空中と水中の両方を推進する❷ウ

ミスズメタイプはどうしているのだろう？

> **もっと知りたい！**

浮力について

浮力とはどんな力だろう。水中にある1メートル四方の立方体を考えよう（図）。この上の面に働く水圧とは、その上にある水の重さが立方体の上の面、単位面積当たりにおよぼす力のことだ。下の面には、これよりちょうど水1立方メートル分大きい重さが加わっている。上からかかる圧力より下からの圧力が大きく、その差が上向きの力、浮力である。つまり、浮力とは物体が押しのけたのと同じ体積の水の重さに対応した上向きの力のことだ。これから重力を引いたものが、見かけ上の上向きの力になる。

だから、体積が大きくてしかも軽い発泡スチロールは水によく浮くし、小さくても重い500円玉は沈む。つまり、浮力から重力を引いた力は、その物体の密度（1立方センチメートル当たりの重さ）と体積によって決まる。密度が水と同じ物体だと浮力と重力がつり合うので、上向きの力はゼロとなって浮きも沈みもしない。密度が水より小さいと上向きの力はプラスなので浮き、大きいと上向きの力はマイナス（つまり下向きの力になる）になるので沈む。

肺に空気をふつうに吸いこんでいるとき、人間の密度はほぼ水と同じになる。そのため、たいていの人はプールでは何もせずに浮いていられる。実際には、あお向けでいると顔の上半分くらいが水面上に出て呼吸できる。つまり、正確にいうと、人間の密度は水よりわずかに小さい。このとき、肺の空気を出していくと、体は沈んでいく。体全体の密度が水よりわずかに大きくなったためだ。

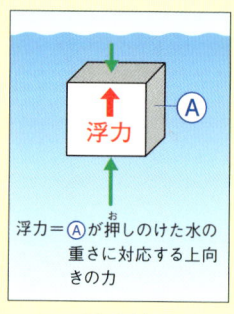

浮力＝Ⓐが押しのけた水の重さに対応する上向きの力

図　浮力

第4章　ウミガラスは空中と水中を飛行する

羽ばたき飛行は打ち下げで

　羽ばたき飛行は**基本形**の飛行方法であるとともに、❶**アホウドリタイプ**の滑空飛行とはちがうもうひとつの飛行の方法でもある。翼が空気の中を進むとき、翼面に対して上向きの力である揚力が生まれる。羽ばたきとは、鳥がみずから翼を打ち下げ・打ち上げて揚力を生み出す方法であることを述べた。その際、①翼を後ろから前に打ち下げ、前から後ろに打ち上げすること、②打ち下げでは翼の進行方向に対して翼の面をやや上に向け、迎え角をつけて、大きな揚力を生み出していることを学んだ。翼を速く動かせば、空気を切る速度も速いので、揚力も大きくなる。速く羽ばたく、つまり1秒間に何回も羽ばたくことで、大きな上向きの力を生み出すことができる。翼を大きくするか高速で羽ばたくことで、大きな揚力が生まれる。

　では、どうやって羽ばたくのか。手にダンベルをもって腕(うで)を曲げるにはどうするだろう。腕を曲げるときには、二の腕（上腕(じょうわん)）の内側に付いている筋肉を強く縮める。この筋肉の端(はし)は腱(けん)となって、ひじの内側をまたいで、前腕(ぜんわん)の骨に付いている（もっと知りたい、図4：40ページ）。だから、腕を引っぱることができる。このときにできるのが力こぶだ。伸(の)ばすときには、これをゆるめると同時に、二の腕の外側に付いている筋肉を縮める。動物はみな筋肉を縮めることで力を出す。そしてこれら2つの筋肉を交互(こうご)に縮めたりゆるめたりすることで腕を曲げて、ダンベルを上げ下げできる。

1回の羽ばたきは翼の打ち下げと打ち上げからなる（図 4-3）。翼を打ち下げるときと打ち上げるときには、胸に付いている２つの筋肉を交互に縮めたりゆるめたりする。それらは大胸筋と小胸筋の２つである（図 4-3）。腹側から見ると大胸筋は体の外側に付いている。この筋肉の一方は胸骨の真ん中の突起（竜骨突起、もっと知りたい、図 5：40 ページ）に、もう一方は細くなって腱（いわゆる"スジ"）となり、二の腕の骨（上腕骨）の下側に付いている。だから大胸筋を縮めると上腕が下に引っぱられて翼が打ち下げられる。

　小胸筋は大胸筋より体の内側にある。一方は胸骨中央の竜骨突起に付く。反対側は細くなって、腱となり、叉骨、烏口骨、肩甲骨の

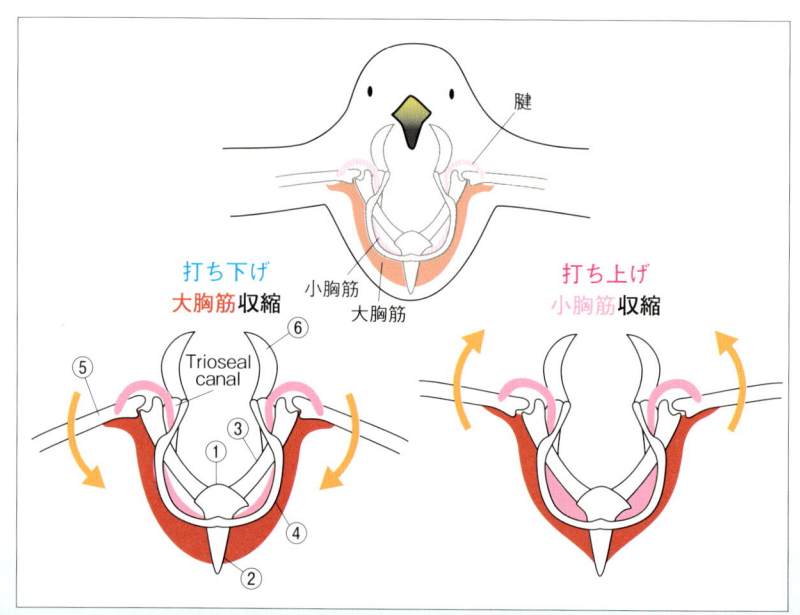

図 4-3　胸の部分を上面から見た図：大胸筋と小胸筋を交互に収縮させ翼の打ち下げと打ち上げを行う
①胸骨、②竜骨突起、③烏口骨、④叉骨、⑤上腕骨（翼）、⑥肩甲骨

第4章　ウミガラスは空中と水中を飛行する

3つが合わさったところにあるすき間（Trioseal canal）を通って上腕骨の上側に出てそこに付いている（もっと知りたい、図5、6：40ページ）。だから、小胸筋を縮めると上腕が上に引っぱられ翼が打ち上がる（図4-3右下）。これら2つの筋肉を交互に縮めたりゆるめたりすることで、翼の打ち下げと打ち上げをくり返す。鳥は前に進む力（推力）も生み出したい。推力は打ち下げで生み出される（図4-1：43ページ）。打ち上げでは後ろ向きの力（抵抗）が生まれる。だから、打ち下げでは翼をめいっぱい広げ、打ち上げでは翼を縮める。つまり、上向きの力や推力の多くは打ち下げでつくられる。めいっぱい伸ばした翼を空気の抵抗に逆らって打ち下げるため、打ち下げ時に縮む大胸筋はとても大きいのだ。

水中と空中での羽ばたき回数

　ペンギンは水中を進むのに適した小さい翼をもっていた。仮にこの翼で空中を飛ぼうとしたらどうだろう。小さな翼でも、何回も羽ばたくことで大きな上向きの力を出せることを述べた。ペンギンの場合は、1秒に50回羽ばたけば飛べる。それはとても無理だ。
　ウミガラスが飛べるのは、彼らにとって可能な「羽ばたき回数」で、浮き上がれる程度には十分な「大きさ」の翼をもっているためだ。❷ウミスズメタイプは一対の翼を羽ばたいて、抵抗と浮力が大きく異なる空中と水中の両方を飛行する。そのため、翼は空中を飛ぶにはちょっと小さめだし、水中をこぐにはちょっと大きめなのだ。よって、羽ばたき回数を水中と空中で大きく変えないといけない。❷ウ

ミスズメタイプのウトウは、空中ではめいっぱい翼を伸ばしているが、毎秒9〜10回羽ばたかないと飛行できず、一方水中では翼を縮めているが（図4-4）、がんばっても毎秒2〜3回しか羽ばたけない。

　ここで、❷**ウミスズメタイプ**（ハシブトウミガラス）、❸**ペンギンタイプ**（コガタペンギン、マカロニペンギン）が空中と水中を進むときの羽ばたきの回数を比べてみよう（図4-5）。❹**ウミウタイプ**の足こぎについても図には示しているが、ひとまずおいておこう。

　鳥類としての**基本形**である体重1キログラムくらいのオオセグロカモメが羽ばたき飛行するときの羽ばたき回数は、毎秒3〜4回である（☆で示した）。❸**ペンギンタイプ**が水中を泳いでいるときの羽ばたきも毎秒3〜4回だ。❷**ウミスズメタイプ**のハシブトウミガラスの羽ばたきは、空中ではカモメ科より多く、水中では❸**ペンギンタイプ**より少ない。❷**ウミスズメタイプ**は、空中では速く羽ばたき、水中では小さくした翼を遅く羽ばたいて、空中と水中を飛ぶのだ。水中と空中両方を同じ翼で飛ぶ❷**ウミスズメタイプ**は、空中と水中それぞれで、それぞれでの専門家の羽ばたき数よりも、たぶん効率の悪い羽ばたき数で羽ばたいている。これが同じ翼で空中・水中の両方を移動する❷**ウミスズメタイプ**の宿命だ。

🐧 ウミガラスは水中でも打ち下げで進む 🐧

　翼の大きさだけでなく、羽ばたくためのエンジンともいえる胸の筋肉の大きさにも**特徴**がある。まず、羽ばたき飛行・潜水する❷**ウ**

第4章　ウミガラスは空中と水中を飛行する

図4-4　ウトウの水中遊泳（左）と空中飛行中（右）の翼
　　　　水中では半分縮めており、空中を羽ばたき飛行するときは翼を
　　　　めいっぱい伸ばす

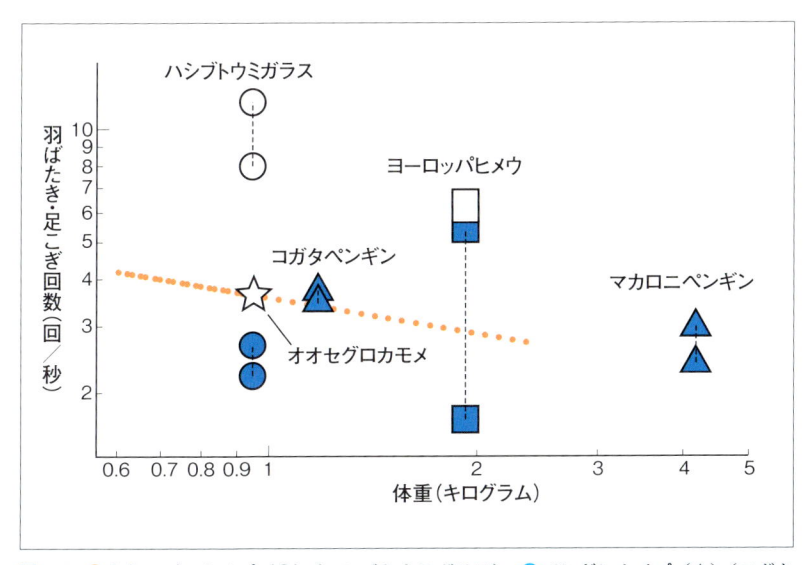

図4-5　❷ウミスズメタイプ（○）（ハシブトウミガラス）、❸ペンギンタイプ（△）（コガタ
　　　　ペンギン、マカロニペンギン）と❹ウミウタイプ（ヨーロッパヒメウ）（□）の空中（白
　　　　色）と水中（青色）での羽ばたき・足こぎ回数（毎秒の回数）
　　　　同じ種類の最大値と最小値を細い縦線でつないでいる。たとえばハシブトウミガラス
　　　　が羽ばたき飛行するとき（○）、その回数は毎秒8回から12回と変化する。破線はさ
　　　　まざまな大きさの鳥類の**基本形**（カモメなど）における空中での羽ばたき回数。☆はオ
　　　　オセグロカモメ

51

ミスズメタイプや❸ペンギンタイプの胸筋の重さ（体重の18〜22％）は、滑空して空を飛ぶ❶アホウドリタイプ（体重の8％）に比べるとかなり大きい。❶アホウドリタイプは羽ばたかなくていいので、筋肉が小さいのだ。

　空中羽ばたき飛行もする❷ウミスズメタイプと水中羽ばたき遊泳専門の❸ペンギンタイプの間でも、ちがいがある。打ち下げには大胸筋を使い、打ち上げには小胸筋を使う（図4-3：48ページ）。ウミガラスでは、打ち下げに使う大胸筋の重さは打ち上げで使う小胸筋の重さの3〜4倍にもなるが、ペンギンでは2倍重いだけだ。つまりウミガラスでは大胸筋が相対的に大きいのだ（図5-3：66ページ）。これは、翼で空中も水中も飛行するウミスズメ科はおもに打ち下げで、ペンギン科は打ち下げと打ち上げ両方で前進することを示している。どうしてだろうか？　これも空気と水の密度の差に理由がある。

　❷ウミスズメタイプは飛行もする。空中で浮くためには、揚力を発生させる割合が大きい打ち下げで大きな力を出す必要があった。❷ウミスズメタイプは空中での羽ばたきで力を出すために大きな大胸筋が必要なのだ。大きな大胸筋をもつため、打ち下げで力を出すのが得意であり、だから水中でもおもに打ち下げで前進する。そのため、その泳ぎはなめらかではなく、打ち下げで前に加速し、打ち上げでは水の抵抗によって減速する（図4-6下）。これをくり返すことになる。また上下にジグザグした動きになるためあまり効率的ではない。ブレーキを踏むことなく高速道路を一定速度で走る場合には、町中の信号でブレーキを踏んで止まっては再びアクセルを

第4章　ウミガラスは空中と水中を飛行する

ペンギン

ひれ状の翼の打ち下げだけでなく打ち上げでも推進力を得られるため、ペンギンは上下方向への重心移動がなく、矢のようなスピードでなめらかに水中を移動できる。

ウミガラス

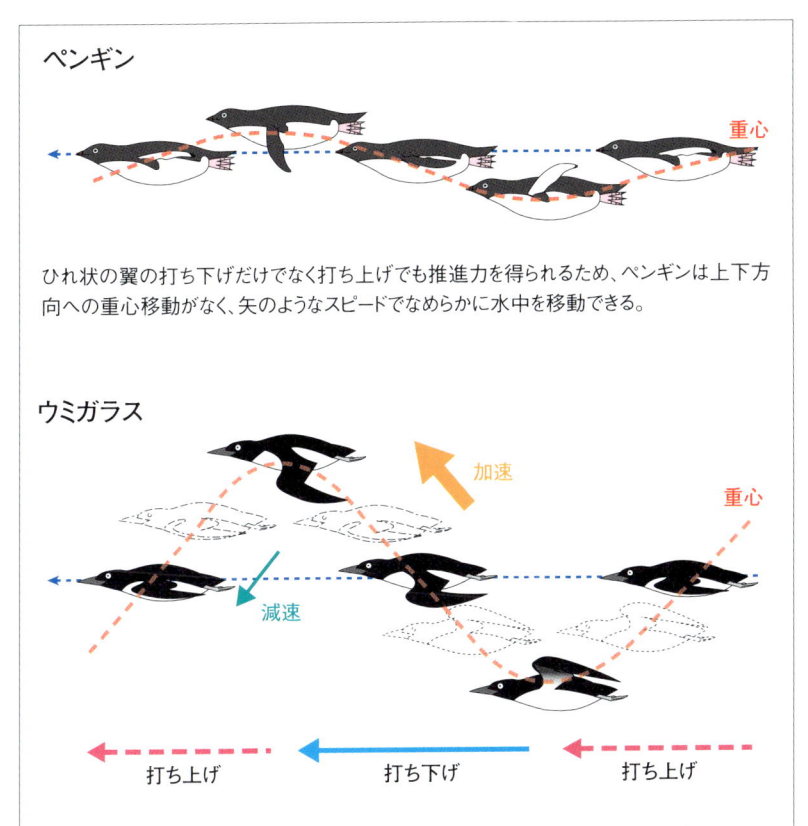

加速　重心　減速　打ち上げ　打ち下げ　打ち上げ

翼の打ち下げだけで水中での推進力を得るウミガラス。翼を折り曲げて引き上げるときには体が沈み、打ち下げるときは逆に体が浮いてしまうために、ペンギンに比べて泳ぎはぎこちなくスピードも遅い。

図4-6　ペンギン（上）とウミガラス（下）の水中での推進方法のちがい

踏むことをくり返しながら走るのに比べると、車の燃費（ガソリン1リットルで走れる距離）が1.5倍くらいになるのと同じことである。

❸**ペンギンタイプ**は水中だけうまく進めばよい。水中では、打ち下げと打ち上げ両方で推進するように翼を動かす。そうした方が水

中での水平移動がなめらかとなり、効率がよいのだ（図 4-6 上）。

🐦 海鳥は浮力が大きい 🐦

　海鳥の体の密度は、私たちと同じでほぼ水といっしょである。しかし、ちがいもある。私たちは浮こうとすると顔のわずかの部分を水面に出せるだけだが、❶アホウドリタイプは体の半分以上を水面に出してゆうゆうと浮いていられる。水に沈んだ部分の体積が生み出す浮力が、体重による重力とつり合っている。❶アホウドリタイプは体積当たりの浮力がとても大きいのだ。
　どうしてだろう。鳥は羽毛に多量の空気をふくんでいるせいだ。羽毛でできたダウンジャケットには空気がたくさんつまっている。潜るとき羽毛の空気は少しずつもれていく。しかし、かなりの空気は羽毛に閉じこめられたままだ。そのため浮力はかなり大きい。潜水する海鳥は、とくに潜水しはじめでは、この大きな浮力に逆らって潜っていかないといけない。頻繁に潜水をする種類は、浮力を小さくした方が潜るのが楽になるはずだ。

🐦 浮力を小さくする工夫 🐦

　さまざまなタイプの海鳥の浮力を比べてみよう。まず羽毛中に空気をいっぱいふくんでいるときの体全体の体積と体重がわかればいい。かわいそうだが、口をテープで留め、羽が動かないようにして、身を水に沈め、上がった水位から体積がわかる。その分の水の重さ

第4章　ウミガラスは空中と水中を飛行する

が浮力だ（もっと知りたい：46 ページ）。このようにして推定された浮力から体重を引くと、上向きの力の大きさをもとめることができる。この上向きの力を、海鳥の大きさはいろいろなので、体重 1 キログラムに対する数値で表すことにする。

体重 1 キログラム当たりの上向きの力が最も小さい、つまり沈みやすいのは、❹ウミウタイプのウ科と❸ペンギンタイプのペンギン科だ。重力のところで述べた力の単位で示すと、❹ウミウタイプと❸ペンギンタイプでは、体重 1 キログラム当たり 2.4 〜 2.8 ニュートンになる。❷ウミスズメタイプのウミスズメ科やモグリウミツバメ科はこれよりやや大きく、3.9 〜 4.9 ニュートンである。潜水しない❶アホウドリタイプのアホウドリ科では、体重 1 キログラム当たりの上向きの力は 10 ニュートン以上にも達する。

❷ウミスズメタイプ、❸ペンギンタイプと❹ウミウタイプといったよく潜るタイプは羽毛を少ししかもっていないので、浮力が小さいのだ。翼が長い❶アホウドリタイプのアホウドリは、羽毛を大量にもっているので浮力が大きい。また、羽毛はよく水をはじくが、❹ウミウタイプの羽毛は特殊で、羽毛の半分くらいはすぐ水にぬれる構造になっている。そのため体から空気を追い出しやすく、潜るときにはさらに浮力を小さくできるのだ。ウの仲間が堤防の上で、翼を広げ日に当てているのをよく見るが、これは、ぬれてしまった羽毛を乾かしているのだ。

このように潜水をよくするタイプは浮力が小さいので沈みやすい。このことは海面に浮いているとき、水面上に出ている体の割合からもわかる。アホウドリは体の多くの部分が水面上に出ているが、よ

図 4-7 海面に浮いているアホウドリ（左）（撮影：西沢文吾）とチシマウガラス（右）（撮影：先崎理之）

く潜水するチシマウガラスの体はほとんど水に沈んでいる（図 4-7）。

🐧 ウトウの食べ物 🐧

　この章の最後に、❷ウミスズメタイプの運動性能と採食行動についてまとめよう。ウミスズメ科は羽ばたいて飛行し、その速度は時速 60 〜 80 キロメートルと意外と速かった（図 2-1：20 ページ）。ただし一生懸命羽ばたかないと飛べない。そのため、そんなに長い時間は飛べない。連続して飛べるのはせいぜい 1 時間程度だ。1 日の総飛行時間もふつうは 3 時間程度だ。

　それでも速く移動できるので、島から 100 キロメートルくらい離れたところまで魚の群れを探しにいける。また、体重が 1 キログラムのウミガラス（❷ウミスズメタイプのウミスズメ科）の最大潜水深度は 100 メートル以上と、ほぼ同じ体重の❸ペンギンタイプであるコガタペンギン（30 メートル程度）より深い。かなり深いところにいる魚を食べることもできる。遊泳速度も時速 7 キロ

第4章　ウミガラスは空中と水中を飛行する

メートルとペンギン並みだ。飛ぶのも潜るのも得意なウミスズメ科は海鳥の中のスーパースターだ。

北海道天売島にはウミスズメ科の1種、ウトウがたくさん繁殖している。"ウトウ"という名であるがウの仲間ではなくウミスズメ科である。親は毎日、日の出前に島を飛び立って海に出かけ、昼間は海の上で魚を食べる。島を出てから一直線に採食場所まで最大合計2時間ほど飛行する。時速80キロメートルで飛行するので、160キロメートルくらい離れた場所まで出かけて採食できるわけだ。日没後に魚をくわえて島に帰ってきてこれをヒナにあたえる。ヒナのためにくわえてくる餌は、おもにカタクチイワシやイカナゴ（図4-8）などの、いわゆる青魚である。青魚は脂分が多くカロリーが高いので、ヒナにとってはよい食べ物だ。

図4-8　カタクチイワシをくわえて巣にもどってきたウトウ

魚群を追い上げる

カタクチイワシやイカナゴは海の中を群れで泳ぎ、動物プランクトンを食べる。浅いところにいる魚の群れは空中からでも見える。これをまず見つけるのは、広い範囲を飛びまわる❶アホウドリタイプのミズナギドリの仲間だ。カモメ類も一番に魚群を発見する。彼らが、魚群を発見してこれを食べようと海に下りる。すると、これ

を見たウトウがそこまで飛んでいって潜水しはじめる（図 4-9）。ウトウ自身は一生懸命羽ばたかなくては飛べない。自分で飛びまわって探すよりは、うまいこと魚群を見つけたカモメの群れをめがけていく方が楽なのかもしれない。

　ウトウは群れで潜水して、イカナゴなどの群れを下から海面の方

図 4-9　上からはウミネコに、下からはウトウにおそわれるイカナゴの群れ

第4章　ウミガラスは空中と水中を飛行する

に追い上げる。魚が深みに逃げないようにするためだ。そして、浮上しながら、群れから押し出されたイカナゴをつかまえて、これをくわえて海面にもどる。逃げられた場合は、海面にもどる前に再び潜水して、これをとらえなおすこともある。

　下からウトウに追い立てられたイカナゴの群れをねらって、空中からはウミネコとオオセグロカモメが攻撃する。空中から海面に突入したり、海面に下りて潜ったりして、海面下ちょうど50センチメートルくらいまで達することができる。これより浅いところに押し上げられたイカナゴは彼らに食べられてしまう。羽ばたき飛行のためコストは大きいが、すばやく遠くまで移動できるとともに、水中にも深くまで潜れる、つまり空中も水中も飛行できるという利点をウミスズメ科はもつ。この利点をいかして、予測できない場所に現れ、しかも海面下10メートルより深いところにいるカタクチイワシやイカナゴの群れを、うまくおそえるのだ。

> もっと知りたい！

島での調査

　北海道の天売島（図1）で調査をしはじめてから30年近くになる。島の方の空き屋をお借りして毎夏4ヵ月滞在している。野外調査で最も大事なのは生活と安全だ。島では自炊だ。それまであまり料理などしたことがない学生でも、何日かに一度は食事当番がまわってくる。よく、釣りたてのカレイなどを島の方にいただく。どんな学生でも、調査が終わるころには、魚を3枚におろしてきれいな刺身がつくれるようになる。

　安全のために大事なのは、規則正しい生活だ。これが崖から転落するといった事故を起こさないための基本だ。とくに、初めて野外調査をする場合は気をつけないといけない。張り切りすぎてはいけない。効率的に調査をしようとして無理をしてはいけない。調査地の偵察を何日かじっくりする余裕がほしい。事故を起こしかねないあわただしい調査がよい成果を生み出すことはない。

図1　天売島

図2　ウトウのヒナの体重測定

　室内実験は何回もくり返せるが、季節的に繁殖する動物の野外観察は、そのシーズンの研究がうまくいかないと来年まで待たないといけない（図2）。だからといってあせりは禁物だ。1年は予備調査くらいのつもりでないといけない。1年かけてその動物のことも調査地の様子も、また研究方法も十分にわかって準備をすれば、翌年にはかならずよい成果を上げることができるだろう。

第5章 ペンギンが長く潜れるわけ

　次は、羽ばたき潜水を専門とする「❸ペンギンタイプ」だ。水中でだけ使う翼は小さい。船をこぐオールのようになっている。今も生きているものとしては、ペンギン科17種だけがふくまれる。ペンギンは潜水の天才だ（図5-1）。いかにしてペンギンは長く深く潜れるのか。

長い息こらえ時間

　ペンギンもクジラも肺で呼吸する動物だ。水中では呼吸できない。私たちは肺に空気をめいっぱい吸いこんで潜る。吸いこんだ空気の体積の20.9％が酸素だ。潜水中はそれを使う。酸素を筋肉などに運んで、それを使って炭水化物や脂肪を"燃やして"エネルギーを

図5-1　水面に浮いているヒゲペンギン
撮影：高橋晃周

生み出す。炭水化物としては、食べ物を消化吸収して血液中にとりこんだものだったり、肝臓にためこまれていたりするものが使われる。

　"燃やす"といっても、紙を燃やしてその熱や光を使うのとはちがう。炭水化物を水と二酸化炭素に分解するときに出るエネルギーを、いったんＡＴＰと呼ばれる物質にたくわえる。そして、必要なときになったら、この物質を、筋肉を縮めるなどのためのエネルギー源とするのだ。炭水化物を分解するのに酸素が使われるので、"燃やす"あるいは"酸化"といわれる。炭水化物は十分にあって潜水している間に使いつくすことはない。それを燃やすための酸素を使いつくすまでの時間が、潜水可能な時間というわけだ。

　筋肉などで行われるこの一連の化学反応を"内呼吸"という。内呼吸には酸素を使ってエネルギーを生み出す「酸素呼吸」と、酸素を必要としない「無酸素呼吸」がある。私たちの筋肉はふだんは酸素呼吸をしているが、100メートル競走など激しい運動をすると、足の筋肉では、酸素が足りなくなり無酸素呼吸をする。無酸素呼吸は炭水化物からＡＴＰにエネルギーを移す効率が悪い。また、無酸素呼吸をすると"疲労物質"とも呼ばれる乳酸という物質ができてしまう。この乳酸は体にたまってくると悪い影響をあたえるといわれている（そうではないという説もある）。これを分解してなくす必要がある。そのために、さらに酸素が必要とされる。だから効率が悪い。100メートル競走の後、ハアハアいって激しく息つぎしないといけないのはそのせいでもある。

　100メートル競走ならばその1回に全力をかけて、疲れはてて

第5章　ペンギンが長く潜れるわけ

動けなくなってもよい。しかし、海鳥は魚をとるために連続して潜水しなくてはいけない。無酸素呼吸などしていられない。海鳥は潜水中も酸素呼吸でほとんどのエネルギーをまかなっていると考えられている。

　酸素呼吸だけで潜水しているとしたならば、潜水時間は潜るときに体内にもっている酸素の保有量（リットル）を、潜水している間の酸素の消費速度（1秒当たりリットル）で割った値によって決まるはずだ。この値は、理論的酸素呼吸潜水限界時間と呼ばれる。これは車のガソリンタンクの容量、燃費、ガソリンを満タンにしたときに走れる距離の関係と同じだ。60リットルのガソリンタンクをもっていて、1リットルで10キロメートル走る車は、満タンでは600キロメートル走れる。

酸素をたくさんもつには

　ペンギンが長く潜れる第1の理由は、体に酸素をたくさんたくわえられることだ。ガソリンタンクが大きいということだ。まず酸素は肺にたくわえられる。鳥類はさらに、肺の前方と後方に"気嚢"と呼ばれる空気袋ももっている（図5-2）。気嚢は肺につながっている。この気嚢にも空気がためられる。

　息を吸ったときには、肺に入った新鮮な空気から酸素をとりこみ、さらにその排気を前にある気嚢（前部気嚢）に送り出す。同時に後ろにある気嚢（後部気嚢）に新鮮な空気をためる（図5-2 ❶）。一方、息を吐くときには、前にある気嚢の中にあった酸素が減った空気を

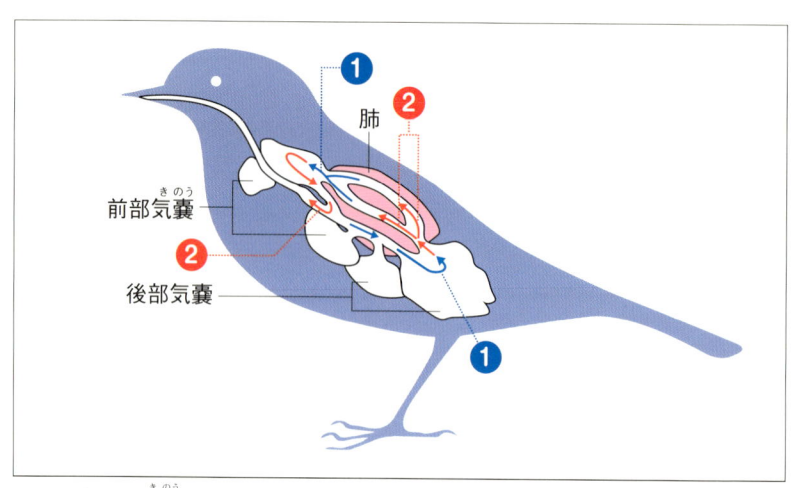

図 5-2　鳥類の"気囊"システム
❶息を吸いこんで、その新鮮な空気を後部気囊にためるとともに、肺の古い空気を前部気囊に吐き出す（青）。❷前部気囊にたまっていた古い空気を口から吐き出すとともに、後部気囊にたまっていた新鮮な空気を肺に送りこむ（赤）

　吐き出すとともに、後ろにある気囊にためてあった新鮮な空気を肺に送ってさらに酸素をとりこむ（図 5-2 ❷）。そのため、息を吸っているときでも吐いているときでも肺には新鮮な空気があってそこから酸素をとり出し、酸素を血液にあたえることができる。鳥類はこのように効率的に酸素を肺からとりこむしくみをもっている。ただし、潜水専門の❸ペンギンタイプで肺と気囊の体積がとくに大きいわけではない。

　では潜水が得意なタイプの海鳥はどこがちがうのだろうか。私たちの体の中には、ほかにも2つ酸素がたくわえられる場所がある。血液と筋肉だ。血液が赤いのは赤血球にあるヘモグロビンという物質の色だ。ヘモグロビンは酸素の運び手である。それは同時に、酸素とよく結びつくということだ。つまり酸素をたくわえる役割もは

第5章　ペンギンが長く潜れるわけ

たしているのだ。たとえば血液1ミリリットル中のヘモグロビンの量は、潜りも飛行もしないキウイなどの鳥類と比べると、潜水が得意な❸ペンギンタイプの海鳥や飛行が得意なハトでは2倍近くにもなる。それだけ酸素を多くたくわえられるということだ。

　筋肉にもちがいがある。筋肉にはミオグロビンという、ヘモグロビンに似た赤く見える物質がある。ミオグロビンも酸素と結びついて酸素をたくわえる。ミオグロビンの量は、飛行が得意な鳥類、たとえばハトなどの筋肉では100グラム当たり0.25グラムなのに、❸ペンギンタイプでは2.8〜4.3グラムと10倍以上にもなる。ペンギンと同じく潜水して餌とりするウトウ（❷ウミスズメタイプ）の胸筋の色が、羽ばたき飛行もよくするニワトリよりも赤黒く濃い色をしているのは、ミオグロビンの濃度が高いためである（図5-3）。これらを合計すると、体重1キログラム当たりの酸素保有量は、ペンギンでは40〜60ミリリットルであり、これは人の2〜3倍になる。これがペンギンが長く潜れる理由の1つだ。

心拍数を下げる

　長く深く潜れるもうひとつの理由は、潜水中に酸素をなるべく使わないようにすることだ。車の燃費をよくすることに相当する。潜水性の海鳥たちは潜水中に心拍数を低下させる。心拍数（脈拍数）とは、1分間に心臓がドクン・ドクンと血液を送り出す回数だ。私たちの脈はふつう70回くらいだ。コウテイペンギンの脈は、じっとしているときは毎分100回程度だが、潜水中にはなんと毎分6

図5-3 ウトウとニワトリの胸筋の色の比較
左が事故で死んだウトウの胸筋(左の大きい方が大胸筋、右は小胸筋)で、右はスーパーで買ってきたトリ胸肉(大胸筋)。トリ肉は血抜きしているせいもあるが、ウトウの胸筋はかなり赤黒い

〜20回まで下がる。

　1回のドクンで心臓が送り出す血液の量は一定なので、心拍数が下がると、1分間に心臓が送り出す血液の量(血流量)も下がる。肺からとりこまれた酸素はこの血液の流れによって、体のすみずみまで運ばれる。血流量が下がると、手足の筋肉などへ運ばれる酸素の量も下がる。また体の表面近くで冷えた血は血流によって体の中心部に運ばれ、温められて再び体の表面にまわされる。そのため、血流が減ってこういった熱の移動が少なくなると、体の表面の冷えた部位は冷えたままに、中心や筋肉などの温かい部位は温かいままになる。①運ばれる酸素の量が減ること、②体の一部の温度が下がること、この2つが酸素消費量を減らすのに役立っている。

　キングペンギンの平熱は37℃で人間とあまり変わらない。とこ

ろが、深さ200メートルまでの潜水をはじめると、体の中心部の体温すら次第に下がりはじめ、20〜30回潜水をくり返した後には28℃まで下がる。筋肉などの温度が下がると、そこの酸素の消費速度が下がる。実験室内でカモを冷たい水につけると、脳の温度さえ下がることがわかっている。血流を調節し体温を下げることで、結果的に限られた酸素を節約できることになる。

じつは私たちも、こういったもって生まれたしくみをもっている。息をとめながら洗面器の水に顔をつけてみよう。わずかながら脈が下がる。訓練すれば、さらに潜水中の心拍数を大きく下げることができるようになる。素潜り世界記録保持者たちは、深度100メートルを超す潜水をするときには、心拍数（脈）を毎分20回にまで低下させることができる。

血液を送る部位の調節

潜水中にどうしても酸素が必要な体の部分もある。海鳥の場合それは羽ばたくための胸の筋肉だ。潜るには、浮力に逆らうために、激しく羽ばたかないといけないことを述べた。❷ウミスズメタイプのハシブトウミガラスで潜水中の体温の変化をさらにくわしく調べたところ、羽ばたいて深くまで潜っていくときは、体の表面近くの体温は下がるが中心部の体温は上がることがわかった（図5-4）。ところが、浮上して海面に出た瞬間に中心部の体温は急に下がり、それまで低かった体の表面近くの体温は逆に上がった。

先に述べたとおり、羽ばたくためには胸筋を縮めることをくり返

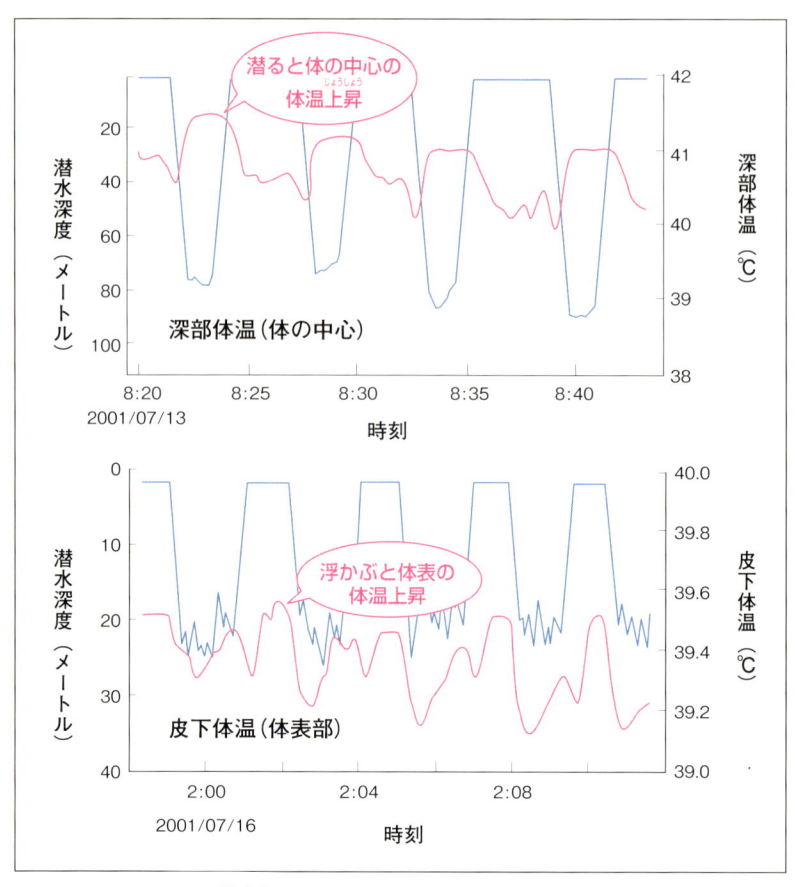

図 5-4　潜水中のハシブトウミガラスの体温変化
　　　　上：潜水深度（青線）と肝臓の裏側の体温（赤線）
　　　　下：潜水深度（青線）と足の付け根の皮下体温（赤線）

す必要がある。そのために、胸の筋肉を使うときはそこに血液を集中して送り、体表面への血流をストップさせるので、体の中心の体温が上がり、表面に近い場所の体温は下がるのだと考えられている（図 5-5）。海の表面にもどって呼吸しはじめたときに血流が回復し、体の表面に近い部分にあった冷えた血液が体の中心部にもどる。そ

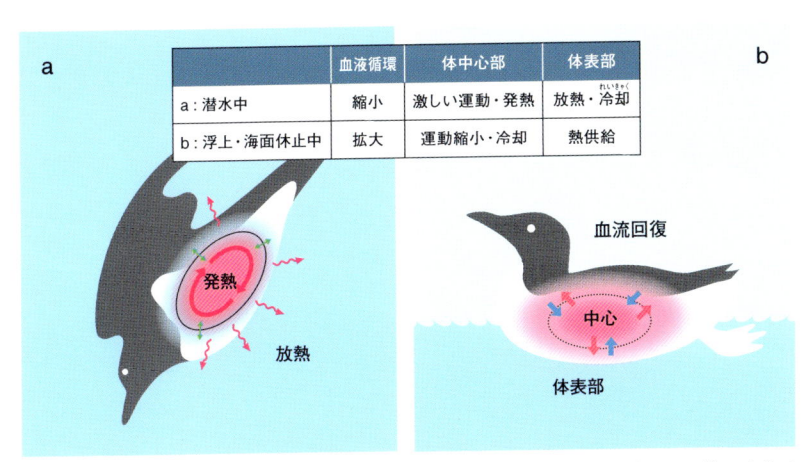

第5章 ペンギンが長く潜れるわけ

	血液循環	体中心部	体表部
a：潜水中	縮小	激しい運動・発熱	放熱・冷却
b：浮上・海面休止中	拡大	運動縮小・冷却	熱供給

図 5-5　a：ハシブトウミガラスは羽ばたいて潜水する。その際、胸筋を使うので体の中心では発熱する。しかし、体表部は冷たい水で冷やされて温度が下がる。これは血液循環を少なくしているためと考えられる
　　　　b：浮上すると体表部の体温は上昇し、中心部は下がる。これは血液循環が回復し、体表部の冷たい血が中心へ、中心の温かい血が体表部へ、送られるためだと考えられている

して体の中心の体温が下がる。こうして潜水中はそのとき使っていない部分、つまり体の表面近くの組織への血流をとめてそこの温度を下げることで、全体の酸素消費をおさえていると考えられている。

ペンギンもオキアミの群れを追い上げる

　これまでペンギンの高い潜水能力の秘密について述べてきた。次は、この能力をいかしてどうやって餌をとるのか紹介しよう。ペンギンの主食はイワシやオキアミなど、群れをつくる生きものだ。すぐれた潜水能力をいかして、ペンギンはこれらを泳いで追跡してとらえる。南極大陸で繁殖するアデリーペンギンやヒゲペンギンはおもにナンキョクオキアミを食べている（図 5-6）。海岸にある繁殖

オキアミ

オキアミ
の群れ

図 5-6　ヒゲペンギンの背中に付けたカメラがとらえた、ほかの個体がオキアミの群れをおそう瞬間
　　　　提供：高橋晃周

地から数キロメートルから数十キロメートルほど離れた場所まで泳いでいき、そこで深さ数メートルから数十メートルの潜水を、数分から合計数時間にわたりくり返して、オキアミをとらえる。

　日本の昭和基地があるリュツオ・ホルム湾の海は、夏でも海の水が凍った海氷におおわれる（もっと知りたい：72 ページ）。アデリーペンギンが、この海氷の上に 10 羽くらいで立ってぼんやりしているのをよく見かける。そのうち 1 羽がガーガー鳴きはじめると、いっせいに氷の割れ目に向かっていって、ドボン、ドボンと次々に飛びこんですぐに潜水をはじめる。だれかが潜るとみんなが潜る。しばらく潜水をくり返してオキアミを食べてから、またいっせいに氷の上に上がる。

第5章　ペンギンが長く潜れるわけ

　どうやら集団でいっしょに潜って氷の下のオキアミをとるようだ。その詳細がペンギンの背中に付けたカメラやビデオの映像によってわかってきた（もっと知りたい：23 ページ）。それによると、ヒゲペンギンも集団で遠くまで泳いでいっていっしょに採食していることがわかった。また、オキアミの群れを下から追い上げて捕獲する様子も観察された（図 5-6）。ペンギンはウトウと同じように翼で泳いでオキアミや魚の群れを追いかける。この採食方法を"追跡型捕食"と呼ぶことにしよう。

ペンギンはどうして水中でもよく見えるのか

　私たち人間は、水に入ると目がぼんやりとして見えない。水中めがねをかけるとはっきり見える。どうしてだろう。光が空中から水に入ると水面でその角度が急に変わる。これを光の屈折という。人間の目の角膜とレンズは、光が空気中から水と同じ屈折率をもつ眼球を通過した場合に網膜にうまく像が結べるようにできている。だから、私たちが水中にいる場合には、水から眼球を通して光が進むことになるので、像が網膜の後方にずれるためぼやけて見える。

　水中と陸上、両方で生活するフンボルトペンギンでは、他の生物に比べて平らな角膜が空中から水中へ入ったときの屈折率の差の効果を小さくし、さらにレンズのかたちを変えてこれに対応している。ペンギンの目のレンズは水中の屈折率に合わせられるので、水中でもよく見えるのだ。

　もうひとつの疑問は、深くて暗い場所まで潜った場合にどうやっ

て餌を見つけているかだ。光は水中では吸収されてだんだん弱くなる。きれいな海でも 100 メートルの深度では光量は水面の 100 分の 1 しかない。南極大陸では、冬の間は太陽が出ていない。その真冬の南極でコウテイペンギンは、500 メートルを超す潜水をしてイカやハダカイワシの仲間など、深い海に住む小動物を食べる。どうやって魚を見つけるのかよくわかっていない。イカやハダカイワシは体の表面に発光する器官をもっている。それを目印にしてねらうのかもしれない。また、これらの獲物の群れを下から追い上げるのは、光がくる海面をバックにするので、獲物の影を見つけやすくしているためなのかもしれない。

> もっと知りたい！

南極でのアデリーペンギンの調査

日本の昭和基地は、リュツオ・ホルム湾の中のオングル島にある。南極はとても寒いので、海水が凍って海氷が一面にできている。この湾は夏でも海氷が厚い。3 メートルに達するところもある。アデリーペンギンは、わずかに開いた氷のすき間から飛びこんで氷の下のオキアミを食べる（図 1）。氷を割って進むのは、砕氷船「しらせ」でも大変だ。日本の南極観測隊では、昭和基地の南 30 キロメートルにある「袋浦」という海岸でアデリーペンギンの調査をしている。「しらせ」からヘリコプターで運んでもらって、そこで 2 ヵ月くらいキャンプをする。調査機材やなべやコンロなどの生活用品、食料と燃料、そして水も運ばないといけない。2 トン近くにもなる。何もないところで人間が生活するには、とてもたくさんのものが必要だ。

南半球と北半球では季節が逆だ。12 月から 2 月は南極の夏だ。昭和基地あたりでは、気温はマイナス 10℃からプラス 10℃くらいの間だ。空気

第5章　ペンギンが長く潜れるわけ

が乾燥しているのでそう寒くはない。風もない日中に、日なたの岩の上に寝そべっているとぽかぽかしてくる。

　調査中はヒナの体重を測り（図2）、食べ物を調べ、データロガーを装着・回収したり、データをダウンロードしたりと忙しい。南極の夏は夜がない。キャンプからペンギンのコロニーまで200メートルくらいしかないが、寝る間もないほどだ。3人で調査していても、いっしょに食事をするのは3日に1回くらいだ。

図1　氷のすき間から飛びこんで潜水するアデリーペンギン
撮影：伊藤元裕

図2　袋浦ペンギン調査風景

第6章 ウは空中と水中で翼と足ひれを使い分ける

「❹ウミウタイプ」のウ科は空中では大きな翼を羽ばたいて飛行するが（図6-1）、水中ではこの翼を体にぴったりと付けて抵抗をなくし、足ひれをこいで潜水する。ウ科は飛行と潜水で翼と足ひれを使い分けているのだ。

図6-1　飛行するウミウ

ウの足の水かきの大きさは、ちょうど子どもの手のひらくらいだ（図6-2）。これを抵抗の大きな水中で使う。一方、抵抗はほとんどないが、大きな上向きの力を必要とする空中では、足ひれの30倍近い面積をもつ翼を使う。これは、抵抗の大きな水中では抵抗を小さくする小さな足ひれを、一方で重力に逆らわなければならない空中では大きな「揚力」を生み出す大きな翼を使う、という点で理にかなっている。

足こぎで進むには

足をこいでどうやって水中を進むのか説明しよう。手を体の横に付けて足こぎだけで泳ぐことを想像しながら考えてほしい。❹ウミウタイプは両足をそろえて足をこいで進む（図6-3）。まず、水か

第6章　ウは空中と水中で翼と足ひれを使い分ける

図 6-2　サウスジョージアムナジロヒメウ
撮影：高橋晃周

パワーストローク　　　　　　グライドおよびリカバリー

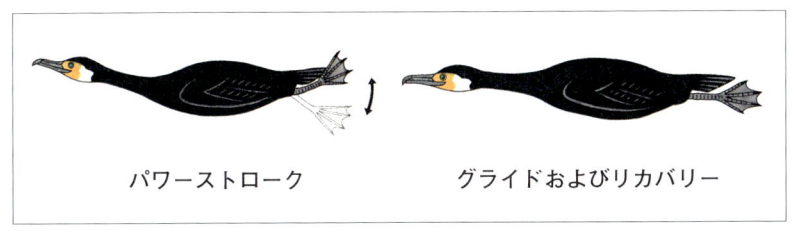

図 6-3　ウは両足をそろえて、足けりして（パワーストローク）推進し、しばらくそのままにして進んだ後（グライド）、足を元の位置にもどす（リカバリー）

きをいっぱいに開いて水をキャッチして、足を後方へ突き出しつつ水を尾方向へ上向きに押しやる。このときに体は前に押し出される。これが前に進む力、すなわち推進力を生み出す。水を後ろに押しやって前に進むわけだ。

この足こぎを"パワーストローク"という。足が伸びきったら、そのまましばらく足を動かさずに勢いで前進する。足こぎしないで進むので、"グライド"と呼ばれる。最後に足を元の位置にもどす。この動きは足を元にもどすという意味で、"リカバリー"と呼ばれる。グライドとリカバリーでは推進力が働かないので、水の抵抗によって減速しながらも、パワーストロークで得た加速をいかして前に進む。これをくり返して推進する。

　足こぎで生まれる力は、1回のパワーストロークの強さと1秒当たりに何回こぐかによる。カワウは速く泳ぐために、毎秒の足こぎの回数を増やす。カワウが秒速1.2メートルでふつうに遊泳するときは、毎秒1回ほどの足こぎだ。しかし、秒速2メートルで速く移動するときは、毎秒2～3回足こぎする。毎秒の足こぎ回数を増やすということは、1回の足こぎ時間を短くしているということだ。

　1回の足こぎ時間を短くするにはどうするか。足のおもな筋肉を縮めるパワーストロークの時間と、足を元の位置にもどすために別の筋肉を縮めるリカバリーの時間は、ともにほぼ0.2秒と変わらない。ところが、どちらの筋肉もゆるませているグライドの時間は短くなっている。その結果、これらを足した足こぎ時間を短くしているわけだ。

　なぜグライド時間だけを変えるのか。それはどちらの筋肉もゆるめている時間だからだ。筋肉を縮めて力を出すときには、最も効率のよい収縮時間があることが知られている。パワーストロークもリカバリーでも筋肉を縮めている状態（つまり力を出してい

第6章 ウは空中と水中で翼と足ひれを使い分ける

る）なので、その時間を変えると筋肉の運動の効率が悪くなるのだ。

潜るときの浮力変化と足こぎ

　浮力は深くなればなるほど小さくなる。息をこらえて素潜りすることを考えよう。潜りはじめは一生懸命手足をこがなければならないが、深さ2メートルあたりでかなり楽になる。上向きの力である浮力が減るからだ。

　水圧とは先に説明したとおり、上にある水の重さによる圧力のことだ。深くなるほど上にある水が多いので、全体としての重さは重くなり、それによる圧力（水圧）も大きくなる。そのため風船を沈めた場合、深くなるほど小さく縮む。海鳥は肺や羽毛にたくさんの空気をもっている。深く潜っていくと、風船と同様その空気の体積が減り、押しのける水の量も小さくなる。浮力とは物体が押しのけた水の重さに相当する力のことだった（もっと知りたい：46ページ）。だから、深いところでは押しのけた水の体積が減るため海鳥に働く浮力も減る。

　浮力から重力を差し引いた力が上向きの力だ。浮力は、深くなるにしたがって小さくなる。一方、重力は深さで変化しない。なので、深くなるほど海鳥の体に働く上向きの力も小さくなる。そして重力と浮力が同じになって、上向きの力がなくなる深度がある。これを中性浮力深度という。その深度より深い場所では重力が勝るので、足こぎしなくても沈んでいくはずだ。ウは深く潜るにしたがって、減っていく浮力に合わせて効率よく足こぎの回数を調節しているの

77

だろうか。

　亜南極に住むムナジロヒメウ（図 6-2：75 ページ）は、深さ100 メートルの海底までまっすぐ潜っていく。潜りはじめは浮力が大きいので足こぎ回数が多い。このとき、パワーストロークと次のパワーストロークの間隔は 0.2 秒と短い。しかし、深くなるとストロークとストロークの間隔は次第に長くなり、40 メートルの深度では 0.6 〜 1 秒と 3 倍以上になる（図 6-4）。毎秒の足こぎ回数は 3 分の 1 近くに減るわけだ。一方で、深度が変わっても、カワ

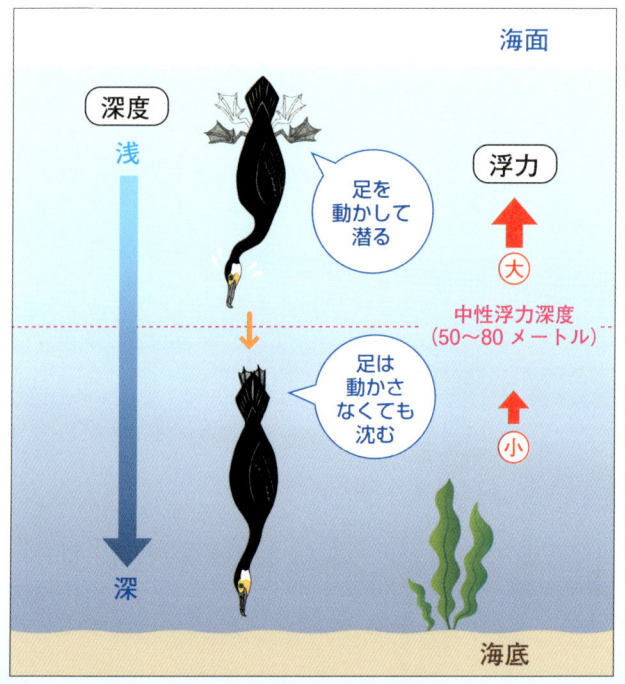

図 6-4　浅いところと深いところでのウの足こぎ
　　　　浅いところでは浮力が大きいので、毎秒 5 〜 7 回足こぎするが、深いところまでいくと浮力が小さく、毎秒 1 〜 2 回くらいしか足をこがない

第6章　ウは空中と水中で翼と足ひれを使い分ける

ウと同じで、パワーストロークにかける時間はほぼ 0.2 秒と変わらず、またその力もあまり変わらない。つまり、1 回ごとのパワーストロークの時間や力は変えない。浮力が小さくなると、これに見合っただけ足こぎ回数を少なくして、それによって推力を下げているのだ。ここで図 4-5（51 ページ）にもどってみよう。ヨーロッパヒメウの足こぎ回数は、潜りはじめは毎秒 5 ～ 6 回で、40 メートルに達すると毎秒 1 回まで落ちる。

浮上するときは？

　逆に、浮上していくときは水圧がどんどん減るので、肺や羽毛の空気がふくらんで浮力が増す。どのように足こぎを変えるのだろうか？　浮力と重力が等しい中性浮力深度（ウの場合はだいたい 50 ～ 80 メートルくらい）より深い場所から浮上する場合、何もしないと沈んでしまう。足こぎして助走をつけて上昇を開始しないといけない。この深度を超すと上向きの力がつくので、足こぎをやめてしまう。私たちも息をこらえて潜水してから浮上するときには、手足で水をかかなくても浮上することができる。浮力が大きいからだ。

　足こぎすればもっと速く水面にいけるはずだが、まったくやめる。足こぎにはパワーが必要なので、自然に浮き上がれるところまできたら、やめた方が得なのかもしれない。さらに上昇すると浮力はどんどん大きくなる。そのため足こぎしなくても加速し、水面近くでの速度は秒速 2.3 メートルにも達する。これはウのふだんの遊泳速度の 1.5 倍だ。

潜るときの速度は一定

　ウが潜っていく間、足こぎ回数を減らしたのはどうしてなのだろう。上向きの力は減るのだから、足こぎ回数を減らさなければ、速く泳いで早く海底に着くので、得なのではないだろうか。ところが、潜っていく間ムナジロヒメウの速度は秒速 1.2 〜 1.8 メートルの範囲に収まっている。物体に力が働いていないと、動いていないものはそのまま動かないし、動いているものはそのままの速度で動き続けるという物理法則がある。潜水していく間には浮力や水の抵抗が働くことを見てきた。速度が変わらないということは、こういった浮力や抵抗にちょうどつり合うように、足こぎ回数を変えて推進力をうまく調節していることになる。つまり、同じ速度を保つために足こぎ回数を調節しているのだ。

同じ速度で泳ぐ理由

　ではどうして速度を一定に保っているのだろう？　水中での抵抗が関係してくる。抵抗には、まず物体のかたちや大きさが関係する。物体の断面積が大きいと水中での抵抗も大きくなる。自転車で風に向かっていくときにはなるべく体を小さくする。風に当たる面積を小さくして抵抗をなるべく小さくするためだ。

　もう 1 つ、抵抗には速度も関係する。水に対して速く動く物体に働く抵抗は大きい。おおまかにいうと、抵抗は速度が速くなると

第6章　ウは空中と水中で翼と足ひれを使い分ける

加速度的に増える。速く泳ぐには、大きくなった抵抗に逆らって、さらに懸命にこがなくてはいけない。その速度を保つためには、抵抗と同じだけの逆向きの推進力を出さないといけないからだ。つまり、その速度を保つために使うパワー（1秒間に消費するカロリー量）は、速度が増えるとともに加速度的に大きくなる。これに、運動していなくても体の機能を維持していく（心臓を動かしたり息をしたり）ために使うパワーが加わる。そのため遊泳速度を横軸に、そのとき使うパワーを縦軸にグラフを書くと、遊泳速度とパワーの関係はJ字状のカーブになる（図6-5）。

では、どの速度で泳いだらいいのか。車だったら燃費を最大にす

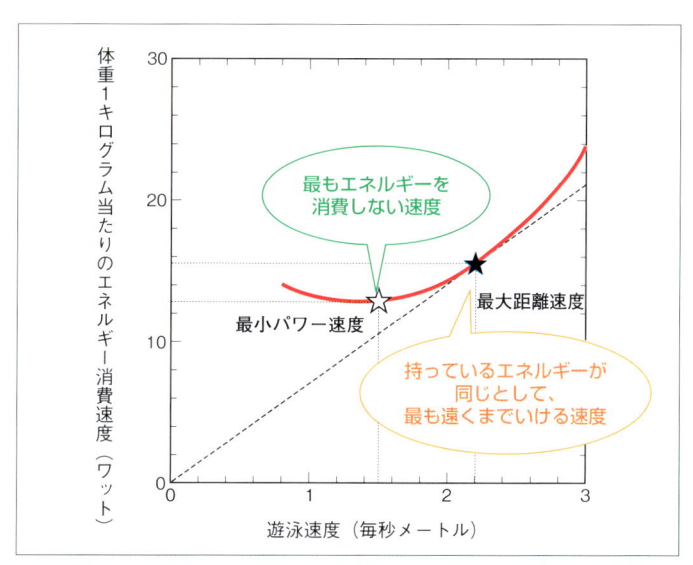

図6-5　ペンギンの遊泳速度とエネルギー消費速度（パワー）との関係
　　　　速度が上がるとともに抵抗が加速度的に増えるので、これに打ち勝つためのパワー（エネルギー消費速度、赤線で示す）はJ字状に増える。最大距離速度は原点からこの曲線状に接線を引いたときの接点（★印）になる。最小パワー速度（エネルギー消費速度を最小にする速度のこと）は☆印

る速度、つまりガソリン1リットル当たり走る距離を最大にする速度で走るのがいい。動物にとっても同じことだ。1キロメートル移動する必要があるとしたら、そのために使うエネルギーを最も少なくするのがいいだろう。

図6-5でいえば、体重1キログラム当たりのエネルギー消費速度つまりパワー（縦軸：ワットで示す。1ワットとは1秒間に0.24カロリーを使うことに相当する）を時間当たりの移動距離、つまり速度（横軸：メートル／秒）で割った値が、1メートル移動するのに使うカロリー（カロリー／メートル）ということになる。この値は、縦軸の値を横軸の値で割っているので、原点からJ字状の曲線上に直線を引いたときの傾きだ。傾きを最も小さくする速度ということになる。それには、原点からJ字の曲線に接線を引くことだ。その接点が、ある距離を移動するために使うエネルギーを最小にする速度（図6-5★印）だ。

これは同じ量のガソリンで最も遠くまで走れる速度という意味でもあるので、最大距離速度ともいう。ちなみに、最も小さいエネルギー消費速度で遊泳するときの速度（図6-5☆印）を最小パワー速度という。このペンギンの例では最大距離速度は毎秒2.2メートル、最小パワー速度は毎秒1.5メートルである。

水槽内をさまざまな速度で水平に泳ぐカワウで推定された最大距離速度は秒速1.9メートルである。これは潜っていく間にウが保とうとしている速度に近い。ウはある距離移動するのに使うエネルギーを最小にするため、ほぼ一定の速度で泳いでいるのだ。

第6章　ウは空中と水中で翼と足ひれを使い分ける

ウは目が悪い

　ウは目で見て魚をとらえる。ウの目タカの目といわれる。高いとまり木から鋭い目つきであちこち見まわす姿がタカに似ていなくもない。だからといって水中でウの目がよいかというとそうでもない。カワウが水中で獲物を識別する能力は、空中でのタカのそれとは比べものにならないくらい低い。

　どのくらいの範囲が見えるかも大事だ。カワウが頭を動かさずに見える範囲は水平方向では真正面から左右それぞれで160度近く、つまり合わせると300度を超え、後ろまで見える。私たちが見える角度（180～200度程度）に比べるとかなり広い。しかしこれは片目だけで見ている視野である。魚をとらえるには、その魚までの距離を測ることが重要になってくる。そのためには左右両方の目で魚をとらえないといけない。両方の目で同時に見える、つまり両眼視できる角度は、目が頭の横に付いているカワウでは空中で最大28度にすぎない。水中ではより狭くなる。ちなみに目が前向きに付いている人間の両眼視野は140度と広い。

ウは近くの魚をつかまえる

　このように目が悪いウは、近くまで寄って岩場や砂の中に隠れている魚を追い出してとらえる"接近戦型捕食"である。そのために長い首が役に立つ。隠れている魚に近づき、ねらいを定めて縮めた

図 6-6　ギンポ類をとらえて水面にもどったヨーロッパヒメウ。背中に付けたカメラで撮影

首をすばやく伸ばしてこれをとらえる。ヨーロッパヒメウは深度40メートルまで潜り、砂地では体をまっすぐ下向きにして、くちばしを砂に突っこんで砂に潜っているイカナゴを探る。このとき横にはほとんど移動しない。一方、岩場では足こぎして海底を水平移動しながら、岩の影にひそむギンポ類を探し出してとらえる（図6-6）。ウがこのような採食方法をとることは、目がそうはよくないことに関係している。

　一方、ペンギンやウミガラスは離れた位置から魚の群れを追いかける"追跡型捕食"であることを、先に話した。このように、水中で翼をこぐ仲間と足をこぐ仲間では、獲物のとらえ方にもちがいがある。視覚やそのほかの感覚器の性能もちがうのかもしれない。

第7章 海鳥の進化と運動様式

　これまで、海鳥の運動様式について4つのタイプを紹介してきた。第7、8章では、今までふれなかった「❺コバネウタイプ」もふくめ、5つのタイプについてのまとめをしよう。❺コバネウタイプとは、翼を小さくして飛ばなくなった代わりに、足を強くし足で水をけって潜水するグループだ。そして、これらの海鳥の5つのタイプがどの時代に進化したのか見てみよう。化石で見つかった海鳥の骨のかたちをくわしく調べるとどのタイプだったか推定できる。その前に、そもそも鳥類の祖先とはどういったものだったのかについてふれておこう。

鳥類は恐竜である

　鳥類は、体の表面に毛や羽毛が生えている、温かい血が流れている（恒温性、第1章）、運動能力が高い、そして頭がよいといった点で、私たちをふくむほ乳類と似ている点がいくつかある。そのため近い仲間だと思っている人もいるだろう。しかし、この2つのグループは、私たちが考えている以上に進化的には系統が遠いのだ。
　鳥類とほ乳類にはたくさんのちがいがある。鳥は卵を産むが、ほ乳類は赤ちゃんを産む、といったちがいもそのひとつだ。今から3〜4億年前、魚の仲間の一部が、一対の前足と後ろ足をもつ動物

へと進化し、陸上で生活するようになった。この仲間が四足動物だ。私たちほ乳類の祖先は、今から3億年ほど前に、この両生類に近い四足動物から分かれた（図7-1）。これは恐竜が生まれるはるか以前のできごとだ。生物の歴史からいえば、私たちほ乳類の系統の方が恐竜より古い時代に独自の進化を歩みはじめたのだ。

では、鳥類はいつ、どの系統から進化したのか？　ほ乳類の祖先が生まれた後、四足動物から無弓類といわれるグループが生まれた（図7-1）。その次にトカゲの祖先となるグループが（この中には、

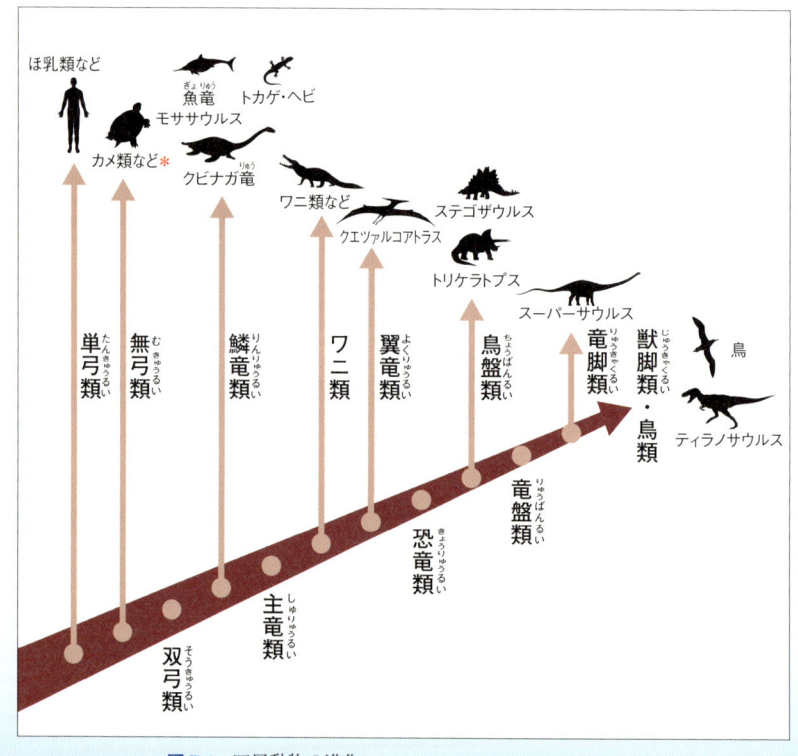

図7-1　四足動物の進化
＊近年ではカメ類は双弓類であるといわれている

第7章 海鳥の進化と運動様式

魚竜やクビナガ竜もふくまれる)、その後に恐竜の祖先となるグループが生まれた（図7-1）。そして今から2億年前に、その中で3本の指をもつ前足、つまり手を自由に使える恐竜が現れた。ティラノサウルスやヴェロキラプトル（図7-2）だ。すばやく動いて狩りをする恐竜のグループ（獣脚類）である。そして、この仲間の中から、やっと鳥類が生まれた（もっと知りたい：90ページ）。

ティラノサウルスと鳥類は同じ仲間なのだ。ティラノサウルスとトリケラトプスよりも、ティラノサウルスと鳥の方が近縁な関係といえる。その証拠の1つは、鳥も3本の手の指をもつことだ（図7-2）。焼鳥の「手羽先」を食べるときに、慎重にかじって骨だけにしてみよう。手羽先の先端の位置に、3つのとげ状の骨があることがわかる（もっと知りたい、図4：40ページ）。これが指だ。この3本の手の指が私たちの人差し指・中指・薬指に相当するのか、それとも親指・人差し指・中指なのか。これは鳥が恐竜と「相同」（もっと知りたい：103ページ）の指をもつのか、つまり鳥が恐竜なの

図7-2　ヴェロキラプトル

か判断する際にとても重要なポイントだ。発生と遺伝子の最近の研究によって、鳥の指はティラノサウルスの3本の指と同じく、親指・人差し指・中指であるとする説が有力視されている。

陸上生活から再び海へ

　魚が陸に上がって四本足をもつようになった後、再び海洋へと生活の場を広げていった仲間がいくつかいた。まず、今から2億年前、まだ鳥類の系統が生まれていない時代に、海での生活にもどる道を選んだものがいる。魚竜とクビナガ竜である（図7-1）。彼らは恐竜が進化するより前に出てきたグループ（鱗竜類）で、どちらかというとトカゲ類・ヘビ類の仲間である。魚竜はイルカに似ていて、クビナガ竜は長い首と小さな頭が特徴で体はカメにかたちが似ている。日本でも化石が見つかっている。白亜紀には、オオトカゲ類から海に進出したモササウルスというグループもいた。

　ほ乳類では、カバやウシ、ラクダの共通の祖先となる原始偶蹄類から、水かきの付いた足をもち、しばしば水中に入るグループが進化した。今から5000万〜4000万年前のことで、すでに恐竜はいなかった。このグループは、その後、後ろ足を退化させ、しっぽを使って泳ぐようになった。そして完全に水中生活に適したかたちに進化した。これがクジラだ。さらに時代が進むと、今から3000万〜2000万年前、別のグループであるイヌやクマの共通祖先から、水中生活をうまくやっていけるグループが現れた。アザラシである。そのほか、絶滅したデスモスチルスの仲間とジュゴンなどをふくむ

第7章　海鳥の進化と運動様式

　海牛類も、ほ乳類の中で海に生活の場を移したグループだ。

　このようにおおまかにみれば、トカゲ類・ヘビ類の仲間（鱗竜類、図 7-1）では少なくとも3回（魚竜、クビナガ竜、モササウルスの3つのグループ）、ほ乳類のグループでも4回（クジラ、アザラシ、デスモスチルス、ジュゴン）海中生活にもどる試みが行われた。細かく見れば何回も海にもどるグループが現れている。これらの試みはそれなりにうまくいき、クジラ、アザラシのように今でも繁栄しているものもいる。

　鳥類も何回か海への進出をはたした。しかし、海へ進出するにあたって魚竜・クビナガ竜やほ乳類と大きく異なっていた点がある。それは、鳥類が空を飛べる両手、つまり翼をもっていたことだ。翼をもった鳥類が、空中と水中の両方を生活の場とする海洋生物としてどのように進化してきたかについて、次の第8章では考えてみよう。これまで解説してきた海鳥のかたちと運動様式を軸に、特に飛行能力の消失と水中生活への適応に焦点を当てて考えたいと思う。その前に、5番目のコバネウタイプについて紹介するとともに運動の5つのタイプのまとめをして第7章を終えよう。

> もっと知りたい！

鳥は何から進化したのか？

　ここで、鳥類の進化について少しくわしく紹介しよう（図1）。ティラノサウルスやヴェロキラプトルなどの、立って歩き3本指の手をもつ恐竜（獣脚類）のうち、小型のもの（コエルロサウルス類）の一部が羽毛をもつようになった。最近では、羽毛をもつ大型の恐竜の化石も見つかっている。これらが羽毛恐竜と呼ばれるものである。中国で多くの化石が見つかって世の中を驚かせた。この羽毛恐竜の中から鳥類が生まれた。始祖鳥（図2）である（始祖鳥は、鳥よりも恐竜に近いとする意見もある）。今から1億5千万年前のことである。その後、1億年前までに始祖鳥の仲間に属するさまざまな鳥の種が現れている。これらは竜鳥類と呼ばれることもある。獣脚類恐竜のうち小型のものがコエルロサウルス類で、その中の多くの系統は羽毛をもつ。その1つが鳥類であると考えられている。目の前にいるハトやカラスはじつは恐竜なのだ。

　その後、1億年前から7000万年前には、エナンテオルニス類と呼ばれる鳥のグループと海鳥のグループが現れた（図1）。後者には、後でくわしく述べるヘスペロルニス（図8-4：99ページ）と呼ばれる潜水専門の海鳥などがふくまれる。これらの海鳥は恐竜と同じ時代に生きていたわけだ。これらのほとんどは、今生きている鳥類の直接の祖先ではないと考え

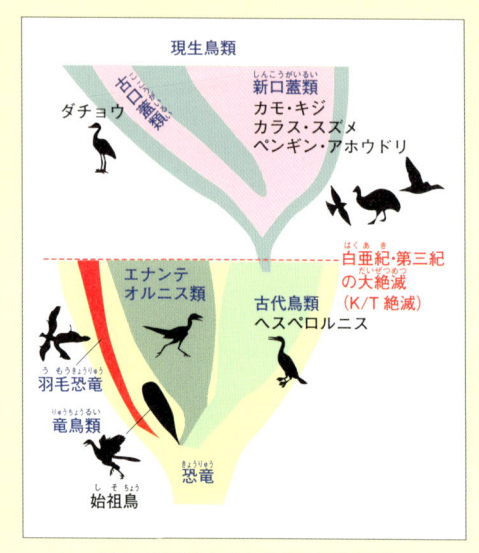

図1　鳥類の化石からみた進化系統

第7章　海鳥の進化と運動様式

られている。やがて、その中の一部から現生鳥類の祖先である古口蓋類が現れた。その子孫がダチョウなどである。また、しばらく後に、多くの現生の鳥がふくまれるグループ（新口蓋類）に入るカモやキジの祖先も現れた。現生の海鳥（ペンギンやアホウドリ）もこの仲間の子孫だ。

そして、地球の生物相を大きく変える事件が起きた。今から6550万年前のことだ。直径10キロメートルもの巨大な隕石が地球に衝突したのである。多くの陸上の植物や動物は焼きつくされ、衝突の衝撃でできた巨大な津波が世界中をおそった。このとてつもない災難の時代に、恐竜がこの世から姿を消す。このとき、エナンテオルニス類やヘスペロルニスなど、古代の鳥類も絶滅した。ほかの多くの生物種も姿を消した。これが「白亜紀・第三紀の大絶滅（K/T絶滅）」と呼ばれる、生物の歴史に残る大事件である。現生鳥類の祖先は、これを生きのびた。恐竜が絶滅した後、第三紀という時代に入ってから、現代に生きている鳥類の直接の祖先となるさまざまな系統の鳥類が化石に見られるようになる。

図2　始祖鳥

5つ目のタイプ

ここで5番目の❺コバネウタイプについて紹介しておこう。このタイプは足ひれをこいで泳ぐ。翼は退化しており空中を飛ぶことはできない。今も生きている種としては、ガラパゴスにいるガラパゴスコバネウだけがそうだ。ガラパゴスコバネウは、系統の上では❹ウミウタイプのウ科に属する。

ガラパゴスコバネウの翼は退化して小さいので飛行はできない（図7-3）。足でこいで泳いで移動する。そのため巣からせいぜい数百メートルの範囲までしかいかない。岸から離れることもない。岸近くの浅い場所で潜って、そこにいる魚を食べる。

ガラパゴスコバネウのように翼を退化させて飛ばなくなることの利点は3つある。大きな翼を羽ばたくためには大きなパワーが必要だ。また大きな翼や胸筋を維持するためには多くの栄養が必要だ。これらの栄養やエネルギーを足ひれや足の筋肉などを大きくし、こぐためにまわせることが1つ目の利点だ。2つ目は、翼の羽毛が少ないのでそこにふくまれる空気も少ないことだ。浮力が小さいので潜水には有利になる。そして3つ目は重くなれたことだ。体重1〜3キログラムのウ科の中では、3〜4キログラムと最大級だ。飛行しないので体を大きくできる。そうすると、酸素をたくさん保

図7-3　ガラパゴスコバネウ

有できるので潜水時間も長くできるのだ。不利な点は、飛べないので遠くまでいけないことだ。

　ここで、❹ウミウタイプの運動をふりかえってみよう。抵抗(ていこう)の大きな水中では小さな足ひれを、重力に逆らわなければならない空中では大きな翼をと使い分けるのは理にかなっていると述べた。しかしこれは、翼を羽ばたくための胸筋と足こぎするための足の筋肉という2つのエンジンをもつことを意味する。ほかの3つのタイプは、空中であれ水中であれ推進には翼だけを使うので、エンジンは胸筋1つですむ。❹ウミウタイプにとって、胸と足両方のエンジンをパワーアップするのは大変であり、そのため飛行能力は他のタイプに比べて落ちるのではないかと考えられている。飛ぶ理由がなくなれば、❺コバネウタイプのようにすぐに飛ばなくなるのかもしれない。

　このように海鳥に5つの「タイプ」があるのは、空気と水というとても性質の異なる生活の場を移動するために、手と足を使うにあたり、鳥類がいくつかの方法を試(ため)していることを意味する。

タイプと変形

　第7章の最後に、海鳥の5つのタイプについてまとめよう。動物のさまざまなかたちは、基本的なかたちからある部分だけを大きくしたり小さくしたりすることでうまく説明できることがある。海鳥の5つのタイプに見られるかたちの変化もそうだ。図2-4(25ページ)ともっと知りたい（27ページ）を再び見てほしい。カモメのようないわゆる鳥としての**基本形**から、翼を細く長くして❶アホウ

ドリタイプに、逆に翼を小さくして❷ウミスズメタイプ、さらに飛べないほどに小さくして❸ペンギンタイプへと変化させることができる。一方で、翼は大きいままで足の水かきを大きくして❹ウミウタイプ、さらにこの足こぎ系列で翼を飛べないくらいまで小さくして❺コバネウタイプへと変化させることができる。

　しかし、これはあくまで「かたち」の変化だ。このような翼や足の大きさの変化は、進化的な系統とは直接は関係がないことをこれからみていこう。次の第8章では、まず翼を細長くして空中での滑空性能を高める方向への進化について述べる。その後、新しい生活の場となった海中を泳ぐのに適したかたちをもつようになる、潜水生活への進化について述べる。この中には、翼を水中で羽ばたいて進む系列と足ひれで水中をこいで進む系列の2つがある。これら2つの系列について、とくに飛行能力の消失に着目して紹介する。

第8章 翼と足ひれを使う系統

滑空生活への進化

　海鳥の進化の中で翼を細長くして滑空飛行に特殊化したのが、❶アホウドリタイプだ。このタイプは2つの系統で進化した（図8-1）。1つは"偽歯類"で、もう1つはアホウドリ科だ。

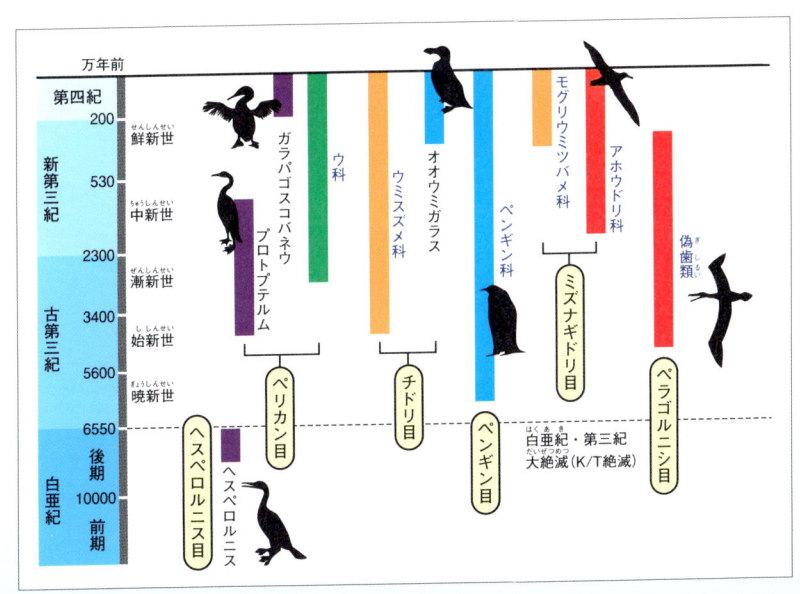

図8-1　海鳥の系統と5つの運動タイプ
　赤：アホウドリタイプ、青：ペンギンタイプ、オレンジ：ウミスズメタイプ、緑：ウミウタイプ、紫：コバネウタイプ。最新の分類ではウとペリカンは別グループになるが、本書ではウはペリカン目にふくめた

偽歯類は、今から5500万年前から300万年前の間、とても長い期間にわたって大空を飛びまわっていた仲間だ（図8-2）。世界中の海に分布していた。その後偽歯類は絶滅した。現在生きているどの海鳥の祖先でもない。鳥類は歯を失った動物グループである。偽歯類は歯のように見えるものをもっているが、じつはこれはあごの骨が変化した歯であり、恐竜や私たちがもっている歯（これは魚のウロコが進化したもの）とは別物である。

偽歯類の翼はグライダーに似ており、両方の翼を広げたときの長さは、最も小さい種でも1.6メートルある。最大の種では、なんと5.5〜6メートルに達した。これは最大のアホウドリ科であるワタリアホウドリの2倍以上だ。細長い翼をもつので、現在のアホウドリ科と同じように滑空の専門家だったと考えられている。

アホウドリ科の最も古い化石は2000万年前から知られている。偽歯類は6550万年前に起きた白亜紀・第三紀大絶滅のしばらく後に現れ、アホウドリ科はその後、年代がだいぶ下ってから現れている。このように両者が現れた年代は大きく離れている（図8-1）。系統的にもまったく関連がない。

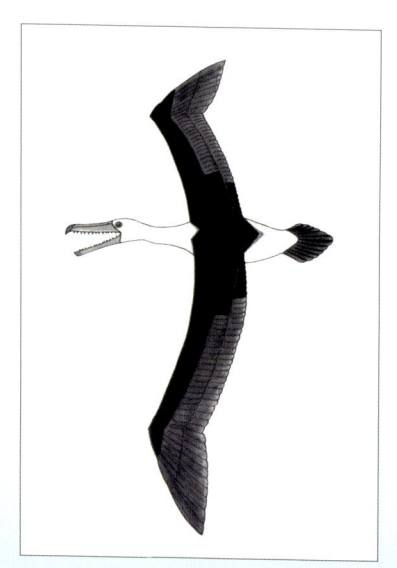

図8-2　偽歯類
5500万年前から300万年前、世界中の海に分布

第8章 翼と足ひれを使う系統

空中から水中への進化

次に、空中を飛ぶための翼をもった鳥類が、どのようにして潜水専門家のグループを生み出したのか考えよう。

飛行する能力をもつことと、潜水する能力をもつことは両立しない。それは先に説明したように、空中を進むのと水中を進むのとでは、翼あるいは足ひれの大きさと、これらを羽ばたくときの回数がちがうせいである。空中から水中へ生活の場を移す際には大きな変化があったと考えられる。その変化の仕方として、空中で羽ばたきに使う手つまり翼をそのまま水中での羽ばたきに使うのか、それとも新たに足を水中で推進に使うのか、という2つの選択があった（図2-4：25ページ）。翼を使う系列と足を使う系列それぞれについて紹介しよう（図8-1）。

もともと空中を飛行するために使っていた翼を潜水のための推進器として転用したために飛行能力を失う進化、つまり❸ペンギンタイプへの進化は、6000万～5000万年前と500万年前にそれぞれ別々の系統で起こっている（図8-1）。

1回目は、もちろんペンギン目が生じたことだ。ペンギン目の化石種は50種近くが見つかっている。その大きさは体の高さが1.5メートル近くにもなる巨大な種類から、数十センチメートルほどの小さな種までさまざまだ。最も古いペンギンの化石は、白亜紀・第三紀の大絶滅のすぐ後の時代、つまり今から6000万～5000万年前のニュージーランドの地層から見つかっている。4000万年

前以降になると南極、南アフリカ、オーストラリアなどでもペンギンの化石が見つかるようになる。

2回目は、❷ウミスズメタイプ、つまり翼を空中・水中両方の推進器として使うチドリ目・ウミスズメ科で起こった（図8-1）。ウミスズメ科の化石で最も古いものは4500万年前の地層から発見されている。現在生きている種類と同じ属の化石は、1200万年前の地層から見つかっている。そのウミスズメ科の中から、翼を小さくして潜水専門家である❸ペンギンタイプへと進化したものが何種かいた。これらはすべて絶滅したが、つい最近まで生きていた種もいる。500万年前に現れたオオウミガラスだ（図8-3）。この種の生態や絶滅については後で説明する。

一方、翼を退化させ足こぎ潜水に専門化した❺コバネウタイプへの進化は、8000万年前、4500万年前と200万年前の3回起こっている（図8-1）。

1回目は、まだ恐竜が繁栄していた時代に起こった。今から8000万年前に生きていた古代鳥類のヘスペロルニスだ（図8-4）。ウミガラスからペンギンくらいの大きさで、化石から

図8-3　オオウミガラス
　　　　体重3〜4キログラム、体高60〜70センチメートル程度。人間による捕獲によって19世紀中ごろに絶滅。ペンギン並みに翼が小さく、飛行できなかった。羽ばたき潜水者。貝や魚などの底生生物を食べていたと考えられている

第8章　翼と足ひれを使う系統

13種が知られている。翼はすっかり退化し、まったく飛べなかった。足こぎで水中を泳いで移動したので、繁殖地からそう遠くへはいけなかっただろう。その代わり潜水能力は高かったらしく、浅い場所で海底まで潜って貝や魚を食べたと推定されている。

2回目は、ペリカン目のグループで起こった。4500万〜1500万年前に日本など北太平洋に生息したプロトプテルムだ（図8-5）。大きいものでは体長が2メートルを超す大型の海鳥で、オールのようなかたちの翼をもつ。プロトプテルムは、クジラやアザラシなどの海生ほ乳類が多様化した時期に彼らとの競争に敗れたか、あるいは海水温の上昇とともに姿を消したといわれている。ただ、足ひ

図8-4　ヘスペロルニス
8000万年前に生息した。翼は退化し、足ひれを使って遊泳・潜水したと考えられている

図8-5　プロトプテルム
4500万〜1500万年前に北太平洋に生息した。日本でも化石が見つかっている。ペリカン目に近縁で、翼は小さく飛べなかった。水中では翼をオールのように使ったとされる

れと翼、どちらを主に水中での推進器として使ったかはまだ十分にはわかっていない。

3回目は、翼を空中専用に、足を水中専用に使い分ける❹ウミウタイプのウ科で起こった。第7章で登場した翼を退化させたガラパゴスコバネウである。ウ科の化石は、2500万年前から太平洋や大西洋で出ている。遺伝子を調べて祖先を探る方法によって、ガラパゴスコバネウは、200万年ほど前に南アメリカ本土のウ科の祖先種から分かれたと考えられている。そのとき以降に飛行能力を失い、❺コバネウタイプへと進化したのだ。

足こぎ系列と羽ばたき系列の特徴

水中で進むために足を使う足こぎ系列と、翼を使う羽ばたき系列のちがいについてまとめよう。羽ばたき系列は、空中と水中で同じ翼を使っていた。つまり、翼を小さくして水中用の「ひれ」にしたのだ。足こぎ系列では、空中と水中の推進器を使い分けていた。足を水中での推進に使うので、翼はまったく機能しなくなった。これらの「ひれ」でこぐために、羽ばたき系列では翼を動かす胸筋が大きく、足こぎ系列では足を動かす足から腰にかけての筋肉が大きくなった。

ほかにも重要なちがいがある。足こぎ系列はどの系統［ヘスペロルニス：図8-4、プロトプテルム：図8-5、ムナジロヒメウ：図6-2（75ページ）、ガラパゴスコバネウ：図7-3（92ページ）］でも、すべて首が長い。淡水域で生活するので海鳥には入らないが、足こ

第8章 翼と足ひれを使う系統

ぎ潜水するカイツブリや潜水性のカモ、アビなども、首は長く自由に動く。❹ウミウタイプはおもに海底で魚や貝を探して、この首をすばやく伸ばして射程内の獲物をとらえる「接近戦型捕食者」だった。❹ウミウタイプと❺コバネウタイプをふくむ足こぎ系列は、一般的に接近戦型なのかもしれない。一方、❷ウミスズメタイプや❸ペンギンタイプをふくむ羽ばたき系列は、「追跡型捕食者」であった。魚の群れを泳いで追跡し、攻撃しこれをとらえる。

別々の系統で同じタイプが進化した

「タイプ」と「系統」との関係について、ふりかえってみよう。生物は長い時間をかけて進化してきた。その祖先・子孫関係、種や科どうしの血筋、つまり「系統」の関係を整理するのが進化系統学だ。「タイプ」とは空中・水中を移動するためのさまざまな運動様式のことだった。同じかたちや行動をもつ、つまり同じ「タイプ」であるのは、祖先・子孫関係にある、つまり同じ「系統」であるためとは限らないということに注意が必要だ。

もう一度、表 1-1（7 ページ）、もっと知りたい（27 ページ）にもどろう。この中で、ウミスズメ科とモグリウミツバメ科に注目してみよう。ウミスズメ科はチドリ目に属し、モグリウミツバメ科はミズナギドリ目に属する。系統はちがう。しかしかたちはとてもよく似ており、両者は同じ❷ウミスズメタイプである。系統はちがうのに、同じ生活を送るためにかたちがとてもよく似ている（図 8-6）。これを「収れん進化」という（もっと知りたい：103 ページ）。

図 8-6　ペルーモグリウミツバメ（左）とウミスズメ（右）
　どちらも体重 200 グラムくらいの❷**ウミスズメタイプ**だ。しかし、分類の上ではペルーモグリウミツバメはミズナギドリ目、ウミスズメはチドリ目に属する

　❶**アホウドリタイプ**で滑空が得意なのは偽歯類とアホウドリ科の2つの系統がいた。偽歯類で今生きている子孫はいないし、アホウドリ科はミズナギドリ目だ。そして、❸**ペンギンタイプ**のペンギン科はペンギン目だし、オオウミガラスはウミスズメ科なのでチドリ目に属する。さらに❺**コバネウタイプ**のガラパゴスコバネウはペリカン目で、古代鳥類ヘスペロルニスとはとても系統が遠い。そして、それぞれに異なる年代に現れている。これらも広い意味では収れん進化だ。

第8章　翼と足ひれを使う系統

もっと知りたい！

収れん進化

　「系統」と「タイプ」の関係について、もう一度まとめておこう。系統とは進化における祖先・子孫関係で、タイプとは運動様式のことだ。両者には関係がある場合も、ない場合もある。進化の系統としては遠いのに、タイプ、つまりかたちが似ていたり、それゆえ同じ用途に使っている場合を「相似」という。中でも同じ生活様式をもつように進化した場合を「収れん進化」という。「収れん」という言葉自体の意味は、ばらばらだったものがたがいに性質が似てきて集まり、やがて1つになることを指す。「相似」の反対は「相同」で、いくらかたちや機能が異なっていても、もともとは同じ器官や体の部位のことをいう。私たちの手とクジラの「胸びれ」は、見た目の形や用途がちがっても、成り立ちをたどっていくと両方ともルーツは「前足」なので、「相同」な器官である。一方、コウモリの翼と昆虫の羽は、飛行のために使われる一対の器官であるとはいえ、コウモリの翼は四足動物の前足、昆虫の羽は節足動物の胸の付属肢のひとつであり、起源はまったく異なるので、「相似」な器官である。

どのようにして飛行をやめたのか

　飛ばなくなった鳥たちが、カモメのような、鳥としては基本的な、つまり飛行に適したかたちから、段階的に翼を小さくして飛行能力を失ったのか、それとも短時間に急に飛行能力を失ったのか、についてはよくわかっていない。羽ばたき系列で飛行能力を失った❸ペンギンタイプのオオウミガラスは、羽ばたき系列で潜水も飛行もできる❷ウミスズメタイプのウミスズメ科の中から進化したのは明らかだ。しかし、ペンギン科の祖先が❷ウミスズメタイプだったかはわかっ

103

ていない。ペンギンの祖先に当たる、その中間タイプの化石が見つかっていないからだ。

　足こぎ系列の中で、飛行する能力を完全に失った❺コバネウタイプのガラパゴスコバネウは、足こぎ系列で飛行もできる❹ウミウタイプのウ科から進化したのは確かである。しかし、翼がすっかり退化したヘスペロルニスが、翼で飛行し足で潜水する祖先種から進化したのか、これを明らかにする化石も見つかっていない。

なぜ飛行をやめたのか

　別々の系統で、くり返し飛行する能力を失ったのはどうしてだろう。海鳥の食べ物である魚は水中に豊富にいる。海の中にいる魚の量も、氷河期などの気候変化の影響（えいきょう）を受けただろうが、それでも陸上の植物や昆虫（こんちゅう）への影響に比べればそれほどでもなかったと考えられる。魚はいつの時代にも安心して利用できる食べ物だったのではないだろうか。

　海中の魚をうまく得るためには、❸ペンギンタイプや❺コバネウタイプのように、水中だけを泳ぎまわる専門家になることは有利だっただろう。そのため、飛行のための翼を犠牲（ぎせい）にして、水中遊泳だけに適した翼あるいは足ひれをもつようになったのかもしれない。ただし、繁殖地の近くに多くの魚がいるという条件のもとでではあっただろう。海鳥の空中での飛行速度は時速50〜80キロメートルだが、水中での遊泳速度は時速7キロメートルにすぎない。飛行する能力を失ったとしたら移動速度はひとけた小さくなるの

第8章　翼と足ひれを使う系統

で、ガラパゴスコバネウのところで述べたように遠くまで食べ物を探しにいけない。

　一方、海鳥は子育てを陸上で行わなくてはならない。このときキツネなどにおそわれたらひとたまりもない。そのため、繁殖場所に陸上の捕食者がいないことが海鳥にとっては飛行する能力を失ってもよいもう1つの条件ではあったろう。後で述べるように、もともとは捕食者がいない絶海の孤島(ことう)に繁殖していた❸ペンギンタイプのオオウミガラスは、人間が来たことで絶滅させられた。飛行する能力を失った海鳥で現在も生きているのは❸ペンギンタイプのペンギン科と、❺コバネウタイプの唯一(ゆいいつ)のガラパゴスコバネウだけである。いずれも陸上の捕食者がいない、そして幸いなことに人類の到達(とうたつ)が遅(おく)れた南極とガラパゴス島で繁殖する。

　これら2つの、島の周りに餌(えさ)が豊富なこと、島に捕食者がいないこと、という条件が欠かせないのは、海鳥には陸上で子育てしなくてはいけないというしばりがあるせいだ。では、海鳥は翼(つばさ)や足のかたちや大きさや筋肉の大きさを変えることができたのに、陸でしかかかえすことのできない卵を産むという性質をなぜ変えられなかったのだろう。これについては最後にふれよう。

失ったものはとりもどせない

　泳ぎ・潜る能力を高くする代わりに、飛行する能力を失った系統の中で、再び飛行できるようになったものは一種もいない。これはとても大事な点だ。飛行能力を失うのはわりと簡単だが、これをと

りもどすことはとてもむずかしいのだ。

　飛ぶためには大きな翼と大量の羽毛が必要だし、それを羽ばたくためには大きな胸の筋肉が必要だ。大きな胸の筋肉を動かすためには、これにエネルギーや酸素を運ぶためのしくみも必要だ。ところがいったん飛ぶ必要がなくなれば、翼の羽毛をつくるために使っていた栄養を他の用途、つまり、大きな足ひれとか足の筋肉などにまわすことができる。このように、飛行のためのしくみをもち続けるためには大きな労力がかかるのであり、いったんそれを失ってしまったら、とりもどすにはとてつもなく時間がかかるのだろう。

第8章のまとめ

　第8章では海鳥の進化の歴史、つまり「系統」の話と運動パタンの「タイプ」の話の2つについて話した。ここでまとめをしよう。

　まず第1に、鳥類の海洋生活への適応、つまり海鳥という生活様式は、いくつかのグループでそれぞれ関係なく進化した。あるグループだけが海洋へ進出し、その中から5つの運動パタンのタイプが進化したのではない。ミズナギドリ目とペンギン目は比較的近いグループであるが、カモメ科・ウミスズメ科は水辺で生活するシギ類が主要メンバーであるチドリ目に入る。ペリカン目はどちらかというとハシビロコウというアフリカにいる大きな水鳥に近い。これら海鳥の3つのグループ、すなわち、ミズナギドリ・ペンギン目グループ、チドリ目グループ、ペリカン目グループはそれぞれ遠く離れた系統なのだ。

第8章 翼と足ひれを使う系統

2つ目としては、海洋生活をうまくやっていくためには、5つの運動タイプがあることだ。空中と水中という性質のちがう生活の場を動くために、翼と足でそれぞれに合った推進器を使う。

そして3つ目が第8章では最も大事な点だ。手足を水中で使うか空中で使うかの組み合わせからなる、5つの各々(おのおの)のタイプへの進化は、さまざまな年代にくり返し起こったということだ。これは、鳥類にとっては、いつの時代でもこれら5つのタイプのどれもが有利になる可能性をもっていた、ということなのかもしれない。ただし、いったん失った飛行する能力をとりもどすことはできない、というのがルールだったようだ。飛行するためのかたちや行動をもち続けるのはとても大変なのだ。これが次に述べるように海鳥たちの悲劇をまねいた。

第9章 海鳥たちの悲劇

　海鳥は海と空で生活する。そのため5つのタイプの運動パターンが進化してきた。ところが、数万年ほど前から海鳥はその歴史上かつて経験しなかったできごとに出くわした。私たち人間との出会いである。

　海鳥たちは、海洋でうまく生活するようにそのかたちや行動を変えた。そのため、陸に住む鳥たちが経験することのなかった悲劇にみまわれている。飛べないこと、あるいは飛び立ちに苦労すること、そして小さな島にたくさんが繁殖（はんしょく）することが海鳥の特徴（とくちょう）だ。これは、一度にたくさん簡単に捕獲（ほかく）できる獲物（えもの）であることを意味する。また、海鳥は鳥としては体が大きい。これは1羽からたくさんの肉や羽毛（う もう）がとれることを意味する。最後にこの点について紹介（しょうかい）しながら、海鳥たちの悲劇について考えていくことにしよう。

オオウミガラスの生態

　オオウミガラスは、第8章で紹介したとおりウミスズメ科の1種だ。ウミスズメ科のうちペンギンと同じ❸ペンギンタイプへと進化したのが本種だ。姿かたちはペンギンによく似ている（図8-3：98ページ）。ケルト語で「白い頭」を意味する「ペン・グイン」と、その昔は呼ばれていたそうである。その後南半球、さらに南極海に

第9章 海鳥たちの悲劇

まで漁場を広げた漁師が、似たような姿かたちの飛べない鳥（キングペンギン）を見て、これをペンギンと呼んだ。これが、ペンギンが世に知られたはじまりだという説がある。翼はペンギンと同じでとても小さく、飛べない代わりに、これを使った遊泳・潜水はとてもうまかった。

　オオウミガラスは北大西洋にだけ分布していた。陸上では直立し、両足でバランスをとらないとうまく歩けなかった。一方、水中ではかなり速く泳ぎ、6人のこぎ手が乗ったボートが追いつけないくらいだった。体重は4〜5キログラムとウミスズメ科ではきわだって大きかった。背中が黒くおなかが白かった。色といい、大きさといい、ちょうどアデリーペンギン（図1-1：7ページ）に似ていた。ペンギンのように羽ばたいて潜水し、浅い沿岸域でヤツメウナギやカジカ類などの魚を食べた。17世紀まではカナダのニューファウンドランド島、アイスランドとイギリス北部の島々で繁殖していた。

オオウミガラスが絶滅したわけ

　オオウミガラスは陸から離れた島々の海岸に、おたがいの体がくっつき合うくらいの高い密度で繁殖していた。巣はつくらず、5月の中ごろ、重さ300グラムを超す1個の大きな卵を地面に直接産んだ。ヒナは、まだ綿毛に包まれているうちに巣立って海に出た。海に出た後も親はヒナのめんどうをみたようで、ヒナを背中に乗せることもあったらしい。17世紀にはすでにそれほど数は多くなかっ

たようである。18世紀までは、羽毛や油をとるために、あるいは航海中の食料としてたくさん殺された。陸では走って逃げることができなかったので、つかまえるのはとても簡単だったのだ。そのためその数はさらに減った。

　当時は、数が少なくなったからその種類を保護しようという考えはなかったようだ。むしろ逆で、数が少なくなるとめずらしいという理由で高値が付いた。そして1844年、アイスランドのエルデイ岩礁（がんしょう）において、2羽の成鳥が採取され卵が壊（こわ）された。それが野外で記録に残された最後である。1860年までには絶滅（ぜつめつ）した。一方、似たかたちや生活パタンをもつペンギン科が今もたくさんいるのは、人間がクジラをとるために南極周辺の海に進出しはじめたのが、19世紀に入ってからとかなり遅（おそ）かったからにすぎない。そのころまでには、ペンギンを食料や油として使う必要はなくなっており、ペンギンには保護の手がさしのべられた。

アホウドリの災難と保全

　伊豆（いず）諸島と小笠原（おがさわら）諸島のちょうど中間くらいに鳥島という小さな島がある。東京を出たおがさわら丸が小笠原の父島にいく途中（とちゅう）その横を通るのだが、ちょうど夜中なのでこれを見ることはできない。海の真ん中にぽつんとあるこの島で繁殖していたアホウドリ（図4-7：56ページ）は、かろうじて絶滅をまぬがれた。

　アホウドリは長い翼をもち大きい。羽毛の量も多い。その色は白いので羽毛としての価値がとても高かった。またキツネなどの外敵

第9章　海鳥たちの悲劇

がいない島に繁殖していたので、人を恐れなかった。さらに、翼が細長くて滑空する能力が高いことは、逆にいえば、風がないとただちには飛び立てないことを意味する。そのため、人が歩いて近づき、棒でたたいて簡単に殺すことができた。アホウドリと呼ばれるゆえんである。これらの特徴がこの種の悲劇をまねいた。

　19世紀後半には、鳥島では数十万羽ものアホウドリが繁殖していたといわれている。羽毛をとってこれを売ることを商売にする一家が鳥島に移り住んだ。1800年代後半から1900年代初めにかけて多くのアホウドリが殺され、その羽毛が毎年100トン単位で輸出された（図9-1）。羽毛ふとんなどの材料にされたのだ。そのた

図9-1　陸あげされたアホウドリの死体
1905年ごろの父島。提供：長谷川　博

めどんどん数が減り、1949年には絶滅したとまでいわれた。

　ところが1951年に鳥島の灯台の職員によって少数が繁殖しているのが見つかった。その後、東邦大学の長谷川博教授、環境省、山階鳥類研究所などによって、繁殖場所の土砂くずれを防ぐなどの保護が進められた。そのかいあって鳥島での繁殖数は現在2000羽を超えている。ここ5年間は、鳥島から小笠原諸島の聟島にヒナを移してそこで人工飼育して巣立たせ、ここに新たな繁殖地をつくろうというプロジェクトも進められている。鳥島は火山島だ。いつ噴火するとも限らない。いくつかの繁殖地があった方が、予測不可能なできごとが起きたときに安全だろうという理由からだ。もうひとつの繁殖地、尖閣諸島はその調査や保全がむずかしい。最近はミッドウェー島で1つがいが繁殖しているが、まだ将来に不安がある。

🐧 海鳥はなぜ人に狩られやすいのか 🐧

　海鳥は海と空への生活に適応している。その代わり陸上で走ったり、すばやく飛び立ったりして逃げるすべを失った。中には飛行することをやめた種もあることを紹介してきた。一方で、巣はかならず陸上につくらなくてはいけない。海に近くてしかも繁殖に適した場所は限られている。だから、孤島などに多数が集まって、しかもいっせいに産卵する習性があるのだ。そのため海鳥は古くから人間にとってきわめて手に入りやすい食料だった。

　北海道の利尻島にある貝塚からは、アホウドリの骨が出てくる。

第9章 海鳥たちの悲劇

　また、アイヌ民族にとっても、海鳥の卵は季節的に重要な食べ物だった。アラスカのイヌイットの人々は、繁殖期には海鳥をつかまえてこれを食べ、その羽毛でもって美しいジャケットをつくった。農業生産があまりない外洋の小島では、人間が定住した後海鳥を食料として利用することで、これらを絶滅させたこともあるようだ。さらに近代に入ると、ここにあげたオオウミガラスとアホウドリの例のように、大規模に商業的に利用された。

　直接的利用だけではない。海鳥はもともとキツネなど陸上の捕食者のいない、海の真ん中の島に集まって繁殖している。人間がこれらの島々に移り住むようになり、その生活といっしょにネコやネズミがもちこまれた。また、毛皮をとるためにキツネを入れて増やしたりした。こういった、それまでいなかった捕食者が島にどんどん入るようになった。その結果、いろんな場所でこれらの捕食者が海鳥たちの生活をおびやかしている。海ではあんなに運動能力が高い海鳥も、地上性の捕食者に対してはなすすべもなく殺されてしまうのだ。

　一方で、海鳥をおそったり島の環境を破壊する地上性のほ乳類をとり除きさえすれば、海鳥たちが繁殖をはじめることもある。野生ヤギを駆除したところ、つい最近（2013年4月）八丈小島でクロアシアホウドリ（図9-2）が繁殖するようになった。

　現在は、食料としてあるいは羽毛ふとんの材料として、海鳥をとることは大部分の場所で禁止されている。その代わり別の悲劇が起こっている。魚をとるための漁網や釣り針などに、誤ってかかってしまうこと、つまり「混獲」である。

図 9-2　クロアシアホウドリ

🐚 サケ・マス流し刺網(さしあみ)と海鳥

　刺網(さしあみ)とは、網の目に魚をからめとることによりつかまえる方法だ。網の糸は釣り糸のテグスと同じで、水中では見えにくくなるナイロンでできている。幅(はば)が2メートルほどの細長い帯状の網を何段もつなぎ、上辺に浮(う)きを下辺におもりを付けて、垂直のカーテンのように海中にこの網を張る（図 9-3 上）。海の表面に近いところをうまく流れるようにして、群れで泳いでいるサケ・マスやイワシなどをねらうのが流し刺網だ。海底に設置して、底を泳ぐタラやカレイなどをねらうのが底刺網(そこさしあみ)だ。刺網に海鳥がからまってしまうのは、魚が網目に刺さるのと同じである。水中では網の糸が鳥には見えないので、魚を追いかけているうちにそこに頭や翼を突(つ)っこんで抜(ぬ)けな

第9章 海鳥たちの悲劇

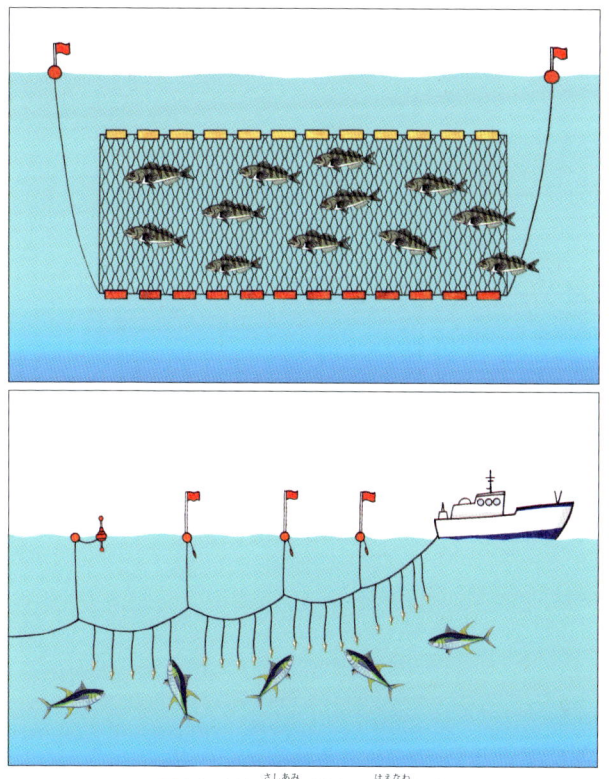

図 9-3 流し刺網（上）と延縄（下）

くなる。

　1980 年代までは、北太平洋の北部やベーリング海などの遠洋で、日本の漁船によってサケ・マスをとることを目的とした流し刺網漁がさかんに行われていた。この漁では、夕方に船から網を長さ何キロメートルにもわたって海に投入し、これを一晩流しておいて翌朝これを揚げる。このサケ・マス流し刺網に海鳥が年間 10 万羽単位でからまって混獲されていた。そのかなりの部分をミズナギドリ科のハシボソミズナギドリ（図 2-2：21 ページ）とハイイロミズナ

ギドリが占めていた。このことが世界的な問題としてとり上げられ、北太平洋の公海上（その国が独占して漁業や海底油田の開発などの経済活動をしてもよいとされる 200 カイリ排他的経済海域の外）における遠洋流し刺網は 1992 年にすべて禁止となった。

では、今はどこで日本の漁船がサケ・マスをとっているのかというと、北海道の北、オホーツク海のロシアの排他的経済水域内の中だ。ロシアに入漁料を払うことでサケ・マス流し網漁をしている。1993 ～ 1997 年の間、これらの漁船に調査員が乗りこんで混獲された海鳥を数えた。その結果、この 5 年間合計でミズナギドリ類 34 万羽、ウミガラス類 20 万羽、エトピリカ 11 万羽が混獲されたと推定されている。また、日本をふくめ世界各地の沿岸で行われている底刺網にも、相当な数の海鳥がかかっていると思われる。

マグロ延縄とアホウドリ

もうひとつは、延縄による混獲である。主となる幹縄（メインのロープ）に一定の間隔で枝縄が付いており、枝縄の先に釣り針が付いている（図 9-3 下）。この針にアジやイカなどの餌を付ける。幹縄には浮きとおもりを付けて、ねらった獲物がいる深度に沈める。海の底近くにいるギンダラなどをねらうときは底近くまで沈める。1 隻の漁船が流す幹縄の長さは、何十キロメートルにおよぶこともある。数時間後にこれを引き上げて、かかったマグロなどを釣り上げるわけだ。

延縄の釣り針にミズナギドリ目のアホウドリ科やミズナギドリ科

第9章　海鳥たちの悲劇

がたくさんかかることがある。❶アホウドリタイプであるアホウドリ科は水に潜らない（第3章）。どうしてこれらの海鳥が、沈んでいる延縄の針にかかってしまうのか。

釣り針に付けるアジやイカなどの餌は冷凍されたものを使う。冷凍された魚は凍っていて、中に空気がとじこめられている。また、氷は水より密度が低い。そのため、こういった餌はしばらくは水に浮く。アホウドリの仲間は、第3章で述べたように、ふだんは浮いている魚やイカやそれらの死体を探して食べる。延縄を船の後ろから海に投げ入れるとき釣り針に付けた餌がまだ海面に浮いている間に、これを食べようとして釣り針にかかってしまうのだ。それは、船尾からせいぜい50メートルの範囲内である。その後、餌は深くまで沈んでいく。つまり釣り針にかかった海鳥もいっしょに沈んでいくわけで、かならずおぼれて死んでしまう。

どのくらいの海鳥がかかっているのか。ワタリアホウドリは年間1万羽近くがインド洋などで行われた延縄に混獲されたと推定され、それは世界の全個体数の10％にも相当したという計算もある。このように、ミズナギドリ目、とくにアホウドリ科の海鳥たちの混獲が問題となっている。

そのため、混獲を減らすためのさまざまな工夫がなされている。船尾から餌が浮いている範囲に、鳥を近づけないようにおどしのための吹き流しを付けるのもその1つだ。また、餌がすぐに沈むように、十分解凍してから針に付けるとか幹縄におもりを付けるのもよい方法だ。餌はすぐ沈むので、混獲数を減らすことができる。これらはとても効果がある。ただ、このような方法がとられてもう

117

20年以上になるが、亜南極の島々で繁殖するアホウドリの仲間の数は相変わらず減り続けていることも報告されている。

魚を食べて汚染物質を蓄積する

「生物濃縮」という言葉を聞いたことがあるだろうか。海の中では、植物プランクトンを動物プランクトンが食べ、動物プランクトンを魚が食べ、魚をクジラや海鳥が食べる。これを食物連鎖という。私たちは、自然界には存在しなかった物質を合成して農薬などのさまざまな用途に使ってきた。こうした化学物質の中には、食べ物からとりこまれた後、排泄されることなく体の中の脂肪などにたまっていくものがある。その結果、自然界で続いていく食物連鎖の上位に位置する生物ほど、そして寿命が長くなるほど、その物質が蓄積し、体内での濃度がけたちがいに上がっていく。海鳥は食物連鎖の頂点に位置するので、こういった物質の濃度も最高になる。

それがどうして問題なのか。私たちはさまざまな汚染物質を下水や工場の煙突から環境の中に出し続けている。水銀やスズなどの重金属は、火力発電所で石油・石炭を燃やしたり、鉱物の精錬や工業的に物質を製造するときに空気中に排出される。PCBやDDTと呼ばれる人工的に合成された化学物質は、電気絶縁物質や農薬に使われた。これらは自然界ではなかなか分解されないので、海水中や海底の泥の中に長い間たまり、やがて生物にとりこまれ、生物濃縮によって濃度が上がる。そんなことは知らずに、海鳥は毎日毎日魚を食べる。そのため、海鳥の体内にはかなりの汚染物質が蓄積される

第9章 海鳥たちの悲劇

わけだ。

　こういった汚染物質は生物の体の中でさまざまな悪影響をおよぼす。これがしばしば大問題になる。たとえば、熊本県で肥料をつくっていた工場が、アセトアルデヒドという物質をつくるときに発生したメチル水銀という物質を、処理せず海に流していた。それは生物濃縮され、その海域にいた魚の体の中に高濃度にたまっていた。これはとても危険な物質であり、知らずにその魚を食べた人たちを重い病気にさせてしまった。亡くなった人も多い。水俣病である。

　農薬として使われたDDTが海鳥の体内に入ると、カルシウムを使って卵の殻をつくるしくみがうまく働かなくなり、卵の殻が薄くなってしまう。そうすると、卵が割れやすくなる。そのため、ペリカン類やカツオドリ類の個体数が減った地域もある。電気の絶縁物質として使われたPCBは、魚や海鳥の体内に入ると、ホルモンのような物質になって、本当のホルモンの働きをおかしくする。そのため、受精卵が発生していく過程で奇形が生じたり、死亡率が上昇したりする。また親鳥の繁殖行動にも異常が生じる。結果的に、繁殖成功率が下がる。

海鳥はプラスチックを飲みこむ

　プラスチックは自然には分解されづらい。うまく処分されなかったものは、最終的には海に流れ出す。東京湾などで海面にプラスチックごみが浮いているのが目につく。人間の生活圏から最も遠く離れた海の真ん中の海面にも、かなりの数のプラスチック片や粒が浮い

図9-4 コアホウドリのヒナの死体
プラスチックのふたや破片を飲みこんでいた。ミッドウェー島にて

ている。プラスチックは海岸や河川（かせん）から海に流れ出し、海流によって思いもよらないほど遠くまで運ばれる。分解されないので、海流がよどむ海域で毎年毎年蓄積され続けているのだ。

　理由はまだわからないが、海鳥はこれらのプラスチック片をよく飲みこんでいる。鳥類は、消化を助けるために胃の下にある"砂嚢（さのう）"という袋（ふくろ）に砂粒（すなつぶ）をためている種類がいる。歯がないのでこれがその代わりをするのだ。この砂嚢にプラスチックがたくさん入っている。砂の代わりに、あるいは餌とまちがえて飲みこむのかもしれない。

　飲みこむのはプラスチックの小さな破片（はへん）だけではない。太平洋の真ん中のミッドウェー島に繁殖するコアホウドリは、マヨネーズのふたや使い捨てライターをかなり飲みこんでおり、これをヒナにあたえることがある（図9-4）。ベーリング海において、日本のサケ・マス流し刺網で混獲されたハシボソミズナギドリの胃を調べると、その9割の個体からプラスチック片が見つかった。飲みこまれたプラスチックは消化障害を引き起こし、また、そこから溶（と）け出した汚染物質は体内にとりこまれて、先に述べたようにホルモンの働きを乱す可能性がある。

第9章　海鳥たちの悲劇

海鳥たちの将来

　こうした悲劇はいずれも、海鳥たちが海洋生活をうまくやっていくための特性がもたらしたものである。飛行しなくなったオオウミガラスは、人間にとっては簡単に得られる食料だった。滑空のための長い翼に多くの羽毛をもつアホウドリは、羽毛ふとんのとてもよい原料とみられた時代があった。海鳥たちは、陸鳥とちがい人間におそわれる機会がほとんどないので、人を恐れない。そして、それまでまったく経験したことのない人間による脅威をさけることを、驚くほど学習しない。海鳥は水中のナイロンの網が見えないし、海に浮いている食べられそうなものは何でも食べてしまう。

　今このときにも、世界ではたくさんの生物の種が絶滅しつつある。世界自然保護連盟は、とりわけ危機的な状況にある生物の種類のリスト、「レッドリスト」をつくっている。海鳥でも絶滅が心配される種類は多い。世界にいる海鳥336種のうち91種がこのレッドリストに入っている。とくに多いのはミズナギドリ目で、アホウドリ科では21種中16種、ミズナギドリ科では79種中36種がリストに入っている。日本では、アホウドリ、カンムリウミスズメ（図9-5）などである。長い歴史の中で、海鳥たちは空と海での生活をうまくやっていくために特別なかたちや行動をもつようになった。この本ではその美しい姿を紹介してきた。そして、その特別なかたちや行動ゆえに、人間によってその生活がおびやかされている。海鳥たちを救うためには、海鳥の特性や限界、人間による脅威がどう

影響するかを理解し、どうやったら効果的な保全ができるのかを考えていかなくてはいけない。

図9-5　カンムリウミスズメ
撮影：武石全慈

あとがき

なぜ海鳥を研究するのか

　世界には約9000種の鳥類がいる。海鳥はそのうち340種ほどだ。海鳥の多様性には、これまで述べてきたように翼と足ひれの大きさとかたちが関係している。これは、空気と水という密度が大きく異なる2つの生活の場で運動するために、さまざまな方法を進化させた結果であることを見てきた。陸鳥でも、運動のタイプに翼のかたちが関係している例もある。空中の昆虫をとるために高速で飛びまわるアマツバメの鎌のようなかたちの翼は、航空力学のたまものだ（写真）。でも、水中を泳ぐのに適した翼を進化させたのは海鳥だけだ。一方で、マグロもクジラも水中生活には適応しているが、空中に進出することはできなかった。空中と水中というまったく異なる世界に生活する海鳥の形態や運動を研究することで、重力、抵抗、浮力といった力に動物がどのように対応しているかという一般的な問いについて理解を深めることができるだろう。これが海鳥を研究する理由のひとつだ。

　そのために、それぞれの「運動タイプ」にどういった意味があるのかについて説明してきた。しかし、わかっていないこ

アマツバメの飛行
航空力学の驚異である。撮影：平田和彦

ともたくさんある。たとえば、ウミスズメ科は空中と水中の両方を運動するために中途半端に小さい翼をもち、空中と水中では羽ばたき回数を大きく変えていた。このように、ウミスズメ科は両方の空間でうまくやるための妥協をしているようだが、潜水能力が最も高い（第4章）。それはどうしてだろう。これは、まだわからない問題のひとつにすぎない。

新しい問題

　ペンギンはなぜ飛ばないのかという問いには、3つの異なる意味があることを最初に述べた。どういった物理的理由で空中を飛べないのか。飛ばない代わりに海に潜ることがペンギンにとってどんな利点があるのか。そして、ペンギンが進化の歴史においてどのようにして空を飛ばなくなったのか。2つ目と3つ目の問題にはいまだにうまく答えられていない。ペンギンの祖先が飛行能力を失うのにはどういった有利な点があったのだろう。海の中にいる魚を効率よくとらえるためといっておいたが、本当だろうか。また、空を飛ぶのに適した翼を、どうやって水中での運動に適した短いオールに変えたのだろう。翼はじょじょに短くなったのか、それとも突然に短くなったのだろうか。

　別の問題もある。飛行能力を失うのはわりと簡単なようで何度もくり返されたが、これをとりもどすことはとてもむずかしいらしいことがわかった。それはなぜだろう。これについては、大きな翼やそれを動かすための大きな筋肉を維持するのはとても大変なので、

いったん失ったらこれらが再び進化するのにはとても長い時間がかかるからなのではないかという説を出しておいた。

　さらに、繁殖生活に関連する疑問もあった。海鳥は翼や足の筋肉の大きさを変えることができたのに、なぜ陸でしかうまくかえすことのできない卵を産むという性質を変えられなかったのだろう。子育ての方法には、大きく分けると、卵を産むか（卵生）、それとも体内で卵をふ化させ子どもがある程度大きくなるまで体内で育てるか（胎生）、の2つがある。子どもにとって自力では餌がとりづらい環境では、ある程度大きく成長して自活しやすい子どもを産むのが有利だ。私たちほ乳類がそうだ。しかし、同じグループの中でも、卵生と胎生両方いるのもある。たとえば、卵生が一般的な魚類の中でもサメやエイでは、胎生がいろんな系統で独立して進化している。胎生は条件がそろえば進化しやすい性質なのかもしれない。

　鳥類では飛行して餌を探すのが基本的性質だ。すぐに飛行できる子どもを産みたいが、子どもを大きくなるまでおなかに入れておく胎生を選択すると、体が重くなるため飛行の点からいって不利になる。そのため、比較的大きな卵を産み、その後もヒナに餌をやりながら育てるのが有利なのかもしれない。また、サメやエイとちがう点は、鳥類は空気中で生きられる卵を産む点だ。重力でつぶれないために固い殻をもっている。水をあまり外に逃がさないが、外と酸素や二酸化炭素のやりとりができる程度の穴があいている。いったん、こういった特別な卵をもったならば、たとえ❸ペンギンタイプや❺コバネウタイプのように飛ばなくなっても、胎生に進化するのは大変なのかもしれない。知れば知るほど、新しい問題が出てくる。

これらは海鳥ならではの問題だ。しかも、動物のかたちや機能、そして繁殖についての問いに結びつく基本的な問題だ。これらのとてもおもしろい問題を解くための第一歩は、「比較研究」だ。何を比較するのか？　「かたち」と「行動」をさまざまな種類で比較することが重要なことを述べてきた。海鳥の「かたち」がいろいろなのは、水中と空中ではそれぞれに適した推進器の大きさと、その羽ばたきあるいは足こぎの回数がちがうことがそのひとつの理由である、というのがこの本の中心テーマだった。

研究のはじまり

　今生きている海鳥の「かたち」や「行動」を比較しただけでは、なぜそうなっているのか、十分には理解できないことも述べてきた。「かたち」は空中と水中への適応であると同時に、海鳥たちが鳥類という系統の中で獲得（かくとく）してきた歴史の産物でもあるからだ。その歴史をひもといていくことも必要だ。こういった、今では直接検証しようもないできごとを研究するには、年代を追って化石を追跡（ついせき）することが必要だ。当時生きていた個体のほんの一部が運よく化石になる。それも完全なものはまれだ。化石の研究はとても骨のおれる仕事だ。幸いなことに海鳥は比較的大きいので、化石にも残りやすい。世界中からいろいろな化石が見つかっているし、日本でも多くの海鳥の化石が出ている。
　私たちにはあまりなじみのない海鳥だが、空中と水中生活への適応について考えさせてくれるよい材料だ。それを深く研究するには、

あとがき

物理学、生理学、形態学、行動学と生態学、そして地質（化石）学といった幅広い視点が必要であり、とてもおもしろい生物学的な問題であることを紹介してきた。

たくさんの科目を勉強しないといけないので大変だと思われるかもしれないが、それはちがう。たとえば、港にいるウミネコとウミウの羽ばたき回数を数えてみることだ。そのときの風の向きや強さも測ってみよう。そうすれば、この本には書かれていない何かおもしろい問題が見つかるだろう。その問題を解くために、後から数学や物理学を勉強しても決して遅くはないはずだ。きっと何らかの答えが見つかるはずだ。答えがなかなか見つからなかったとしたらなおおもしろい。そのことを深く考えることで、今までだれも思いつかなかった新しい問題を思いつくかもしれない。研究をしていて最も楽しいのは、新しい問題に気がついたときである。

わたぬき ゆたか
綿貫 豊

1959年、長野県長野市生まれ、1977年長野県立長野高校卒業、1977年北海道大学理類入学、1981年北海道大学農学部卒業、1981年北海道大学大学院農学研究科入学、1987年北海道大学大学院農学研究科終了、1987年国立極地研究所助手、1993年北海道大学農学部助手、1997年北海道大学大学院農学研究科助教授、2003年北海道大学大学院水産科学研究院助教授。現在、北海道大学水産科学研究院准教授。
著書 「海鳥の行動と生態」(生物研究社)

イラスト 井上祐太郎(図4-4、4-6、4-9、6-3、6-4、8-2〜8-6、9-3、91ページ図2)
　　　　　渡部寿賀子(図1-2、1-13)

■編集アドバイザー
阿部宏喜、天野秀臣、金子豊二、河村知彦、佐々木 剛、武田正倫、東海 正

もっと知りたい！海の生きものシリーズ ⑥

ペンギンはなぜ飛ばないのか？
海を選んだ鳥たちの姿

綿貫 豊 著

2013年10月10日　初版1刷発行

発行者　　　　片岡　一成
印刷・製本　　株式会社シナノ
発行所　　　　株式会社恒星社厚生閣
　　　　　　　〒160-0008　東京都新宿区三栄町8
　　　　　　　TEL　03(3359)7371(代)　FAX　03(3359)7375
　　　　　　　http://www.kouseisha.com/

ISBN978-4-7699-1464-8 C1045　©Yutaka Watanuki, 2013
(定価はカバーに表示)

JCOPY ＜(社)出版者著作権管理機構 委託出版物＞

本書の無断複写は著作権法上での例外を除き禁じられています。複写される場合は、そのつど事前に、(社)出版者著作権管理機構(電話 03-3513-6969、FAX 03-3513-6979、e-mail: info@jcopy.or.jp)の許諾を得てください。